你在烦恼什么呢

跟阿德勒学超越自我

易小宛 著

民主与建设出版社
·北京·

© 民主与建设出版社，2023

图书在版编目（CIP）数据

你在烦恼什么呢：跟阿德勒学超越自我 / 易小宛著. —北京：民主与建设出版社，2023.9
ISBN 978-7-5139-4327-7

Ⅰ.①你… Ⅱ.①易… Ⅲ.①成功心理－通俗读物 Ⅳ.① B848.4-49

中国国家版本馆 CIP 数据核字（2023）第 158061 号

你在烦恼什么呢：跟阿德勒学超越自我
NI ZAI FANNAO SHENME NE GEN ADELE XUE CHAOYUE ZIWO

著　　者	易小宛
责任编辑	郭丽芳　周　艺
封面设计	张景春
出版发行	民主与建设出版社有限责任公司
电　　话	（010）59417747　59419778
社　　址	北京市海淀区西三环中路 10 号望海楼 E 座 7 层
邮　　编	100142
印　　刷	运河（唐山）印务有限公司
版　　次	2023 年 9 月第 1 版
印　　次	2023 年 9 月第 1 次印刷
开　　本	880mm×1230mm　1/32
印　　张	6.75
字　　数	150 千字
书　　号	ISBN 978-7-5139-4327-7
定　　价	52.00 元

注：如有印、装质量问题，请与出版社联系。

前 言

无常的变化，才是生活的常态

想一万次，不如去尝试一次；顺其自然，并在变化中找到自己的方向。

1.

生活似乎无论怎么选择都会留下一些遗憾。

很多时候，我们被生活中的变化搞得不知所措，尴尬不已。

但是请多给自己一些勇气，多给自己一点时间。

人们往往下决心"不改变"。世界上每时每刻都有人感到不快乐，哪怕是很多社会意义上的成功人士。

人总会觉得不快乐，有时候甚至会觉得很痛苦，甚至想变成"别人"。

但是，阿德勒心理学告诉我们，你现在之所以不快乐，恰恰就是因为你选择了自己的"不幸"。

即使对现状有各种各样的不满意，人们仍然认为应该维持现状，这样做不仅更容易、更有保障，同时也逃避了潜在失败所带来的进一步打击，这也是他们很难跳出自己的舒适区的原因。

而我们的焦虑大多是自我约束和自我怀疑导致的自我折磨，我们纠结过去发生的事，担心还没发生的事。

虽然做很多事情的动机可能是改变，但最重要的目的也许是想通过改变知道自己真正能做什么。

慢慢地学会理解生活，经过生活的锤炼，你会对周围的一切有新的认识。

2.
阿德勒心理学是勇气心理学。

阿德勒心理学的基本理念和目标是通过尊重、信任和移情给予对方勇气，并在给予勇气的同时，帮助其突破困境。

内文中的【TA说】是一个声音，也是我们内心的声音；是一个话题，也是每个人都可以参与进去的一个话题。我们每个人都可能是主角，也有可能是旁观者、倾听者，甚至是亲历者。

每一个具体的人，每一个具体的声音，通过【TA】表达出来，在意识觉醒的那一刻，每个【TA】都在寻找自己的路上。

我们要允许自己做自己，人生这条路上，没有什么比找到自己更为珍贵。

勇气，就是克服困难的动力。

每个人都有自己的人生难题，弱者把自己所遭遇的不幸当成绊脚石，赋予这段经历以负面的意义，沉湎于回忆过去，在痛苦中心态越来越悲观，人生也走向失败。然而，强者不同，其同样有着不幸，但是，强者会把挫折和艰辛当作垫脚石，相信风雨过后是彩虹。

强者总是赋予自己过去的经历以积极的意义，所以总是心存感激、知足常乐，心态也越来越乐观，进而成就人生。这就是阿德勒心理学所说的：决定我们的不是"经验本身"，而是"我们赋予经验的意义"。

3.

你现在之所以重要，不是因为过去造就了现在的你，也

你在烦恼什么呢
——跟阿德勒学超越自我

不是因为你将来会成为一个伟大的人,而是因为你就在当下,你所能触摸和看到的都是当下,每一刻都是你的。

在对新生活的期待中,更让人兴奋的其实是对一个"新自己"的期待。

无论人生多么无常、生活多么坎坷,我们唯一能坚持的"信念"就是做更好的自己。只要不放弃自我成长的可能,那么,无论遇到什么情况,你都有勇气站出来继续挑战下去。

有时候人和时间的关系就像一面镜子。你的人生状态、人生价值、存在的意义,都体现在你的时间里,所以,无论事情是大还是小,是重要还是微不足道,都要努力去坚持。

美好的瞬间,往往在不经意之间,如果你曾经感到迷茫,不妨从每天做一件小事开始,然后静观时间会给你带来什么样的礼物。

世间慢,清风起。

愿你我都可以更勇敢,更加热爱生活。

易小宛

目 录

Part 1　勇于改变——自卑与超越　/ 001

　　自卑到骨子里的人，也可以成为一道光　/ 002
　　寒风里站了很久，为什么没人帮我？　/ 010
　　比内卷更可怕的，是自我内耗　/ 019
　　躲在世界的某个角落，我该怎么样接纳自己？　/ 027
　　正确的自我反思，会让你找到前行的方向　/ 036

Part 2　勇于面对——个体自由与整体归属感　/ 045

　　今晚夜色真美，为什么我只适合刺猬？　/ 046
　　比起孤独，为什么更害怕与人交往的累？　/ 054
　　学会接纳，换季的并不只有水果和气温　/ 063
　　摆脱塑料情谊，把心里的垃圾倒一倒　/ 073
　　你是否也经历过"压垮情绪"的"错误感知"？　/ 083
　　打开神秘的黑盒子，解锁爱自己的正确方式　/ 091

Part 3　勇于被讨厌——做自己的主人　/　099

不要被拽进 emo 的黑洞　/　100

健康关系的前提，是尊重自己　/　107

我们都是普通人，应该有被讨厌的勇气　/　113

尽管犯错不完美，自己仍是有价值的个体　/　122

放弃没有回馈的爱，是一种更大的勇敢　/　130

Part 4　勇于奉献——我们终将学会与自己的多重人格合作　/　137

在失去的巨大废墟前，你需要重建新的生活　/　138

学会去爱，但不要去爱不爱自己的人　/　145

勇气是最好的止痛药　/　151

两个人之间最深的感情不是"我爱你"，而是"我懂你"　/　158

从小事中挖掘生活的美好　/　165

Part 5　勇于活在当下——太追求快乐反而会让自己不快乐　/　171

专注于当下！我们都需要完成自我认同　/　172

清醒、自律、知进退，你会成为更好的人　/　178

不要因为害怕选错，就不敢过自己想要的生活　/　185

在逆境面前，选择去做一位攀登者　/　192

阅读，让我们看到更远的世界　/　198

后记　构建自己的宇宙，并且热爱它　/　203

Part 1

勇于改变——自卑与超越

认清生活的真相却依然热爱它,这本身就是一种勇敢。无论怎样,都请不要自卑,在生活中真正的观众只有自己。人生就是一场自我较量,就让我们从关注自我开始,找到属于自己的力量,勇敢地走向未来。

自卑到骨子里的人，
也可以成为一道光

TA说

　　小时候，因为没有任何零花钱，我好像失去了很多表达欲望的勇气。

　　我记得有一年夏天，我特别想吃冰淇淋，央求了妈妈很久才买了一支，谁知买了之后妈妈说我乱花钱，唠唠叨叨了半天，我当时觉得自己犯了天大的错。

　　从那以后，我不再吃任何零食，即使再想吃，我也会在心里克制自己。

　　我上中学的时候，被安排申请学校助学金。申请到之后，父母很高兴，内心极度自卑的我却努力躲着同学们的目光。似乎我注定要被贫困打败。

同时，那些经历也让我变得更加敏感。

容易焦虑，凡事谨小慎微，考虑问题悲观，总想着最坏的结果。

我总感觉自己没有社交和谈恋爱的资本，每次遇到喜欢的人，都觉得自己配不上人家；我不喜欢和别人分享我的生活，因为没有足够的阅历作为谈资；别人讨论的逛街、吃饭、旅游、购物都与我无关，因为我没有钱去实现那些在别人看来轻而易举的愿望。

我很在乎钱，把每一分钱都看得很重要，表现得甚至有些小气、刻薄。

虽然我在努力让自己变得强大，努力攒钱让自己长大后活得更有底气，但和从小不缺钱的孩子相比，我很多时候一眼就能看穿自己的局促和自私。

因为这种性格，我怕以后看不到希望。我喜欢观察生活中的各种细节，觉得风吹过树叶的景象很美，阳光照射在身上的感觉很温暖；有时会因为别人的一些小细节而开心或难受，这也许是因为我自己的顾虑太多，对别人的理解不够。我总是比较敏感，和别人相处会有很多莫名其妙的烦恼。

我从小就害怕自己最终成为一个一无所有的人，挤在城市的缝隙里，找不到自己。

这些年来，我好像一直在负重前行。直到今天，我还时常沉浸在悲伤和无助中，在自我局限的枷锁中迷茫失措。生活的艰辛，精神的压力，很多无奈接踵而至。我像是一个在寒冷的冬夜独自越过大山的人，不断攀登，却好像永远看不到尽头。我已经很久没有和别人分享了，我似乎也失去了真诚庄重地表达欲望的能力。

25岁之后，我告别了忙碌的生活，开始了一个人的旅行。

一个人去丽江旅游，在大巴上看着窗外的风景在倒退。

去西藏，看虔诚的朝圣者，看着身边一张张善意的面孔，慢慢放下自己的敏感。

一路听着自己喜欢的歌，看到湖光云影变化，那一刻，轻松地剥离了我对生活的层层假设和幻想，变得恍然大悟：哎，原来我们需要的是简单和宁静。

一点点放下，不再让自卑阻挡我的人生。

穿过生命旅程的种种经历，像曾经走过那千千万万条道路一样。

我的生活会重新开始，我的人生旅程会重新开始。

虽然我总这样艰难前行，但是一直没有放弃，幸好这样有用，不是吗？

幸运的是，在我即将对自己和这个世界失望的时候，通过对自己人生的审视，我的心再次被唤醒。

Part 1　勇于改变——自卑与超越

小时候失去了很多表达欲望的勇气	想要逃避,躲着他人的眼光
考虑问题悲观,总想最坏的结果	这些年,我好像一直在负重前行
25岁后,告别忙碌的生活,开始独自旅行	虽总艰难前行,但从不放弃

想要告诉你们

1.

阿德勒说："自卑是人类的共同属性，是人类一切奋斗的根源，人人生来自卑。"阿德勒心理学告诉我们该如何找出自卑的起源，如何克服和超越自卑，从而发掘自己的资源和优势。

自卑是一种个体感到自我价值被贬低或否定的内心体验。当个人面临困难时，如果感到无力实现目标，对自己的条件和表现不满意，对自我存在的价值缺乏判断，就会产生一种自卑感。

从心理学上讲，如果一个人持续自卑，TA就很容易陷入负面情绪，很难认可自己的努力和自己的价值，甚至会产生抑郁或焦虑等心理健康问题。同时，从现实的角度来看，自卑也会阻碍个体展现自己的真实能力。有了这种自卑心理，人会因为害怕挑战而不断选择逃避，从而陷入更深的负面评价，无法积极行动。

有自卑感的人会有更多的消极情绪，更容易对他人和事物感到厌烦、愤怒、悲伤和恐惧。

自卑会让我们退缩、胆怯，让我们在学习、事业、生活中无法有所进步和发展。

与自卑本身相比,自卑导致的认知扭曲对一个人的影响会更严重、更长久。

2.

自卑通常来自"和别人的比较"。一旦有了"我总是不如别人"的想法,人就会不自觉地觉得"全世界都是敌人",于是 TA 便有了许许多多的"假想敌",而与他人的竞争是一个人成为自己的巨大障碍。

想要克服自卑,就要从负向正、从下往上地努力,这个动态发展的过程就是所谓的"追求优越性"。

当你发现自己无法达到理想状态时,就会产生"自卑心理"。

但是自卑本身并不是一件坏事,有时它可以促进人的努力和成长,比如努力学习,努力工作。

如果人没有这种勇气,TA 就会处于一种以"自卑"为借口的状态,总觉得自己不配拥有更好的东西。

我们很容易被困在自己的茧里,无法勇敢地表达自己。

3.

个体心理学的一个基本信条是,一切心理现象都是朝向某一特定目标而做的准备，而这种准备就是我们的愿望。即使是内心特别自卑的人，也一定有自己的愿望要实现，但因为种种原因，他们会把愿望压抑在心里。

社会责任的形成是以合作关系为基础的。人一旦离开合作，就很难在社会上立足。这是因为我们在生活中会被群体生存的逻辑所主导，从而会不由自主地在意周围人对我们的看法，不自觉地产生自卑情绪。尤其是被原生家庭伤害的人，会比别人更脆弱。他们不仅生活上会有很多局限，内心也会更加敏感。所以对待他们，一定要学会尊重。

其实每个人都可以勇敢地做自己。

每个人都可以成为克服自卑、超越自我的强者，从而得到他人的支持和赞扬。

4.

这种面对生活的力量才是我们真正需要学习的。

不要害怕自己和别人不一样，每个人都是独一无二的。

重建人生规划，找到意义感，才是摆脱自卑的根本出路。

记得看纪录片《生命的奇迹》时，当弹幕充满屏幕，一切都变得温暖起来。

那一刻，我觉得人生无论如何都是一次不虚此行的旅程。

愿我们都有战胜自卑的勇气。

虽然自卑的产生是一个漫长的过程，但超越它也不是不可能的。

虽然自卑心理的形成和超越是一个漫长的过程，但是通过正确的引导、合作训练、专注训练，提升自我价值，提高社会责任感，树立积极的理想，人就会发生正面的改变。

这个过程可能是曲折的，但我们可以通过与他人的交流，把个体和共同体连接起来，实现自我的价值。

寒风里站了很久，
为什么没人帮我？

TA说

　　读大学的时候，每年寒暑假我都在餐厅兼职做洗碗工，虽然戴着手套，但是手还是会过敏起红疙瘩。每天晚上我都要很晚才坐公交车回宿舍，加之我又很容易晕车，可以想见那有多么煎熬，但即便如此我也咬着牙坚持了下来。

　　虽然日子过得有点苦，但是我感觉很开心：我可以赚到钱，为父母分担一些生活压力，让我生病的父亲得到更好的治疗。

　　当时唯一的信念就是我能帮到父母，让他们放心。

　　大学毕业的时候，我没能找到自己喜欢的工作，为了挣更多的钱，就去了一家工厂工作。

没有朋友，没有鼓励，没有休息，只是靠自己的坚持。

四年，就这么没日没夜地努力拼搏。无论是炎热的夏天，还是大雪纷飞的深夜，我都一个人骑着电动车去上班。当时父亲因病去世，家里只剩下母亲。

因为给父亲治病欠了很多债，我经常加班，也没有太多时间陪母亲。

那时候，我觉得人生好难、好不公平，感觉到很孤独、很无助。

有时候，我甚至觉得自己被这个世界隔离了，找不到人生的意义。

26岁，我决定辞职，去贵州一个小山村教书。

我记得我到那里的那天，雨一直下，像极了我没有光的生活。

经过一段时间的相处，我发现那里的孩子虽然学习条件有限，但有很多快乐的时刻，每一张笑脸都写满了幸福。

我要求孩子们以"我的……"为题目写一篇作文，有个孩子写的是《我的老师》。在他的心中，我是一个闪闪发光的存在。

28岁回到家乡，我决定考研。前几年的痛苦更像是一场考验，让我在痛恨命运的同时也感到幸运，因为我仿佛有一颗不可战胜的强大的心，在生活面前感受不到痛苦。经过一番努力，30岁的我考上了自己喜欢的大学。

家里的欠款慢慢还完了，我脑子里想的不再是工作赚钱，而是自己该如何走好人生的每一步。

那时的我，更想体验当下。后来遇到一个喜欢的人，我们一起学习，一起在深夜看电影，一起吃美食。在平淡的生活中，我渐渐地明白，理解和包容同等重要。

对待生活的勇气需要一步一步积累，终有一天你会打败你内心的不安。

一个崭新的春天总会在寒冬和大雪之后到来。

现在我找到了自己喜欢的工作，在磨炼中一点点改变。

32岁，我和心爱的人结婚了。每个周末我都会回家陪伴母亲，生活节奏慢下来，看待世间万物的心也变得更加柔软。

随着年龄的增长，我意识到人要不断地增加自己的阅历，不断地尝试新的领域，不要被失落的情绪和思想所困，因为只要勇敢面对，就会觉得天高云阔。

看着窗外的树，生机勃勃，日子看似无尽却充满了光亮。

"今天真美好啊，幸好没有困在昨天。"

想要 告 诉你们

1.

遇到困境，我们总会有"生活崩塌"的感觉，因为困境着实打乱了我们的人生计划。

心理学家埃里克森认为，"找到自我并获得认可"是一项终生的任务。在不同的人生阶段和时间节点，人都会有新的认知和变化，这就需要我们时刻意识到自身的新变化，形成对"我"的统一认识。

现实生活中，身处困境中的人由于自我价值感不稳定，往往会非常在意别人的看法和评价，而自己的思想、情绪和需求则被怀疑、贬低和压抑。TA的内心总是沉重的，在这样的状态下，一个人是无法自信地活出真实的样子的。

但是，我们需要认识到，每个人在遇到或大或小的困难时，都会因为一些不可避免的问题被这样或那样否定，这里面就包括那些明显情绪使然的"指责性否定"，尽管那不一定是你的错。

不要因为遇到困难就对生活失去希望。

面对否定，要能分清是不是自己的责任，勇敢否定那些不合理的指责和判断，因为最后不好的结果不一定是我们的认知和错误造成的，还有很多其他因素。

2.

阿德勒说，"人的所有行动"，都是有对象存在的人际关系。阿德勒心理学称此概念为"人际关系论"。

所有的烦恼都是人际关系的烦恼。

我们活在世上，每天总有各种各样的烦恼，比如学习、工作、生活，等等。

有的人认为自己有很多缺点，比如性格暴躁、外表不完美、家庭条件不好，甚至讨厌自己，产生"也许我不配成为任何人的朋友"的想法，害怕被别人看轻或拒绝。

如果能树立建设性的观念，不放大焦虑，脚踏实地地生活，思考"如何走出困境"的策略，那么，就一定能从低谷中找到前进的方向。

一个人需要慢慢调整自己的状态，这样就会给自己更多的勇气。

时刻告诉自己"我能行""我有自己的价值""我不比别人差"，通过给予自己积极的暗示慢慢建立自信，努力找到自己喜欢做的事，过自己想要的生活。

保持拉近与世界距离的"同理心"。

无论面对什么情况，都会默默为自己"加油"。

接受自己的处境，适当保持"自洽"。

发掘并专注于这些优点，做一些自己热爱、擅长、能给自己带来快乐的事情，从而获得心流体验和积极情绪，收获更好的自己。

建立稳定的自我价值感，不再执着于他人的认可，活得更加自信。

3.

有存在的勇气，就是在不被接纳的时候悦纳自己。

一个真正勇敢的人能发展出更好的社会感情，与他生活的世界形成更好的关系。

树立勇气是一项艰巨的任务，勇气是一种美德、精神状态、态度、情感、力量和行动。

实现从消极到积极的生活态度的转变，愿意在生活任务中冒险，有归属感……所有的这一切都要以勇气为前提。

就像做一件事情，只有迈出第一步，你才能明白下一步要干什么。

勇气可以从完成的一件件事情中看出来，勇气存在于行动之中。

只要能成功解决工作、社会、亲密关系、自我接纳和人类与宇宙的关系这五大社会任务,这样的你就是有勇气的。

不要局限于自己的环境,不要对自己没有信心。

尽管有错误和不完美,仍然要相信自己,相信自己是一个有价值的人。

做自己就是接受不完美的自己,就是在你对自己不自信的时候,敢于推销自己,进行自我肯定。

4.

阿德勒心理学就是勇气心理学。他反复强调,有些人的不幸不是因为过去或者环境,也不是因为能力不足,只是因为缺乏面对生活的"勇气",或者说,"获得幸福的勇气"。

这并不是说童年遭遇大灾难或经历惨痛事件对人格形成没有影响,恰恰相反,那些不幸会产生很大的影响。

重要的是,经历本身并不会决定什么。我们赋予过去经历的意义将直接决定我们的生活方式。

找到真正的自己,是人们做出很多重要人生选择的基础。

在生活中,我们常常会后悔自己过去所做的选择,抱怨当时所处的环境,将自己现在生活的不如意统统归咎到那上面去。但是我们需要知道的是,即使我们再怎么怨天尤人,也不会改变什么。

一个人只有对自己、对自己的好恶、对自己的优缺点、对自己的目标和志向都有了清晰的认识，TA才能真正明白自己是一个什么样的人，才会对未来的方向、自己想要什么样的生活、自己与社会的关系有一个相对稳定的持续的认识。

5.
在阿德勒看来，这种心态是人们为了逃避失败而制造的借口。

阿德勒对各种借口提出了一个简单粗暴的解决方法：去做。

梦想或许永远不会实现，但那又怎样？我们应该去试试。

固然追求就会有失败的风险，但也不能排除我们可能会取得成功。

我们的生活不是和别人竞争，我们应该用自我完善来取代竞争心理。

生活不是别人给的，而是我们自己选择的，是我们选择了自己的生活方式。

要想活得更充实，关键是找到生活的意义和自我认同感。在困境中，自我认同可以调整我们的认知，帮助我们修复生活秩序，重建对生活的信心。

形成自我认同的人，都经历过探索带来的转折。经历了危机和选择,也许你会更喜欢自己。

　　只要一步一步坚持下去,生活最终一定会变成我们期待的样子。

比内卷更可怕的，
是自我内耗

TA说

　　总觉得自己每天都在重复一样的剧本，早上六点起床，洗漱吃早饭，然后上班，中午简单休息一下，晚上回家。回到家就疯狂玩游戏，熬夜到凌晨，第二天再带着黑眼圈上班。

　　似乎只有在游戏中才能感受到胜利的喜悦。

　　不知道未来的风吹向哪里、时针每天都停在哪里。

　　庸庸碌碌地生活着，不得不接受自己的平凡、平庸。

　　在思绪来回拉扯的过程中，能量忽高忽低，没有办法沉下心来做好手头的事情。

　　特别是遇到事业和感情低谷的时候，会自我反复内耗，

你在烦恼什么呢
—— 跟阿德勒学超越自我

每天都在重复一样的剧本	不知道未来的风吹向哪里
遇到低谷反复纠结	只有行动才能缓解焦虑
平常心比消耗自己更重要	感谢自己，终于熬过来了

搞得自己精疲力竭，几近崩溃。

头发日渐稀疏，视力逐渐模糊，偶尔还会手脚发麻，动作缓慢，反应能力下降……彻底沦为一个似乎对每一天都没有期待，却又似乎对自己期望过高的、纠结的自我矛盾体。

我仿佛能听到日历翻页的声音，过去消失的日期和未实现的计划也在不厌其烦地提醒着我。

我总是在反复焦虑。

这个过程持续了半年，最近我才开始慢慢接受自己。只有承诺和行动才能缓解焦虑，改变现状。

我们总觉得自己应该更优秀、更努力，但有时候，生活现状告诉我们，保持一颗平常心，比无限消耗自己更重要。

后来我慢慢调整自己的心态，发现自己进步了很多。

不再熬夜也不再焦虑。看着之前焦虑的自己，真的想抱抱自己，感谢自己终于熬过来了。

想要告诉你们

1.

心理学对内耗的解释是"自控力，需要消耗心理资源。当资源不足时，个体处于内耗状态，长期的内耗会让人感到疲惫"。

很多时候，外界一个不着边际的论调就会在我们内心种下自我怀疑的种子。然后我们的精力不知不觉就被消耗了，我们选择放弃坚持，随波逐流。

过多地捕捉和解读一些负面信号，毫无疑问，会让人陷入一个负面循环。

很多不好的结果都会预料到，往往越想控制，结局就越容易失控。

因为太注重结果，所以会"想太多"，结果反而错过了感受当下的好机会。

而能坚持初衷的，都对外界的噪声充耳不闻。

2.
阿德勒的个体心理学告诉我们该如何与世界相处。

当我们系统地总结阿德勒理论的精髓时，我们可以发现，阿德勒不仅将个人视为一个完整的有机体，而且强调了个人与社会其他组成部分之间互动的重要性。

内耗状态下，我们很难客观全面地评价自己的全局。内耗的认知模式往往会让我们倾向于怀疑自己，产生自责情绪。这时候你往往很难发现自己的优点，相反会过度放大自己的问题。

随着这种内在价值的缺失，我们只能依靠环境和他人的反应来做决定，结果很容易陷入一种自我否定的状态，而恰恰是这些过度的思考消耗了我们，让我们无法做出正确的决定，无法前进。

无论是生活、工作还是人际关系，都会被搞得一团糟，我们疲惫不堪，越来越自卑。

至于疲惫，除了真实的身体疲惫，它更多的是一种心理状态和精神内耗。

此外，内耗的发生也取决于一个人的性格特质：有的人在人际交往中非常敏感，容易感到焦虑；有些人有很强的完美主义，强迫自己把每件事都做到最好，做不好就会自责。

3.

阿德勒建立的是一套积极心理学理论。他承认人有自卑心理，并指出个人有追求卓越的动力。他强调人既要有"创造的自我"，又要有"社会意识"，与他人建立良好的人际关系，引导我们拥抱自己生活的现实世界，更好地融入社会。

内耗状态下我们很难改变自身的认知模式。从心理学角度看，内耗表现为一个人的精神世界高度紊乱，个体会反复思考和咀嚼过去的不愉快，从而陷入被动之中。

很多人都想摆脱"自我内耗"的困境，回归自己正常的生活轨道。

自我怀疑的人总是对自己发动战争。在不断的自我斗争和自我惩罚中，他们的活力和精力被消耗殆尽，人也仿佛与周围的一切都格格不入，不再有足够的精力和能力来继续投入生活。

内耗也是一种容易被激发的现象。哪怕是一个小小的挫折、别人不经意的一个眼神、周围的一些不同看法，都可能造成你贬低自我的价值，陷入内耗。

如果不找一个发泄口，不释放自己，只是默默忍受内耗的痛苦，内耗就有可能变成你生活中的常客。

此时，人的心理能量是混乱的，不能有序流动和变化。

处于内耗状态的人，脑子里会一遍又一遍地想着同一个事情。因为无法处理复杂的想法而感到压抑，不知道如何解决问题。

4.

那么，我们到底应该如何体验生活的现实，点燃我们的热情，以积极的态度投入现实生活中去呢？

首先要停止内耗，回归生活本质。

这对于我们的心理健康非常重要。

无论当前面临什么压力，都要对自己和他人诚实。

你可以选择自己的人生道路，而不受他人想法和期望的影响。

保持你的价值观、理想和行动的一致性，忠于自己的人格、价值观和精神。

在更深的层面上，就是以真实的自我指引你走向想要的生活。

当一个人知道生活中什么对自己更重要时，TA自然就会知道如何做出符合自己身份和价值观的决定，从而创造出给自己带来意义和快乐的生活。

让我们充满希望，走向我们热爱的生活。

在心理学领域，对希望有一个精彩的论述，即希望最重要的特点就是：它是现实的。这是一个基于现实、想象可能的现实、把自己的方向指向现实、努力追求现实并最终实现现实的过程。

5.

人生中充满希望很重要。希望是把愿望、渴求的冲动和现实的可能性整合在一起之后的产物，只有当你确信你所面向的是一种确凿的现实，希望感才会从这种确信中生成。希望感让我们"期待"到了一种"能够看得见的尚未发生的现实"。

我们要学会调整自己的认知偏差，不要让自己继续陷入负面情绪中，练习专注力。

唤醒我们的专注力可以帮助我们停止内耗。

完成是比完美更重要的第一课。

只要专注于目标，专心做一件事，脑子里自然就不会有那么多想法。

培养一个积极强大的自己，可以认识到弱点并去改变，关注自己，发现自己的优点，完成一个个设定的目标，及时给自己反馈和鼓励。

有一句话是这样说的："在每个死胡同的尽头，都有另一个维度的天空，在无路可走时迫使你腾空而起，那就是奇迹。"以积极乐观的心态面对困难和挫折，从内心深处相信自己。

一旦我们停止"自我内耗"，让真实的自我被看见、被接纳或者被反对，我们就能得到存在感。而真实的自我被肯定的体验，会让我们越来越感到放松、充满自信。

不要惧怕未知，世界正因为有太多的不确定性，才带来更多的可能性。

只要真实而坦诚地活着，就一定能够被接受和认可，这是一件非常"幸福"的事。

我们应该让自己活在当下，与当下世界保持联系，全身心感受这个美好的世界。

躲在世界的某个角落，
我该怎么样接纳自己？

TA 说

  大概是记得那一天，医生说："你最好静养，不要再做一些让自己消耗精力的事情了。你的身体现在还没有好转的迹象，你需要继续服药，不建议再继续工作。"

  医生的声音很轻，低着头的我没问为什么，只是觉得视线突然很模糊……

  恍恍惚惚中，我没有听到妈妈都跟医生说了些什么，只隐隐约约听到：下一位。

  从医院诊室走到医院大门口的那段路好远啊，远得好像看不到尽头。

  走得我好累啊！

你在烦恼什么呢
——跟阿德勒学超越自我

回到家我就上床睡了。

大概人生最大的痛苦，不是一个人孤立无援，不是一个人吃饭睡觉，不是一个人坐在满是人群的电影院，不是你在做的每一件事情都没人理解，不是你成长路上做错选择，而是身处冷清且满是来苏水气味的医院长廊，听生命时钟准确地告诉你时日无多。

这一个长夜，我做了个温暖的梦，醒来，鼻血又莫名流了起来。

妈妈不放心，还是和医院联系让我去住院。

在家止血之后，洗了多日未洗的头发，略施淡妆，让自己的心情放松一些。

在十四楼的病房，那一方小小的苍白空间，我戴了一顶齐腰的假发，和周围的环境显得有些格格不入，来查房的护士小姐姐笑意盈盈地说："小姑娘今天好漂亮。"我微微一笑，外面的天空好蓝，我好想去放风筝。

我时常会不舍，因为不知道自己在人生路上可以走多远，而父母只能无能为力地注视着我。我害怕与他们挥手告别，但是这没办法，大家都有自己的归途，我像是一个躲在角落里的小孩，还没等好好看看这个世界，就要选择退出。

可是我还有很多事想做呀，我不求富贵，只想有更多旅行的时间，到达很多地方，可以做自己喜欢的事情，读很多书，学习很多知识，有一个小房子，养一只小宠物，养花种草，和好友喝喝茶，如果有幸成为妈妈的话我一定要成为一个好妈妈。

我害怕和别人相处，害怕别人的眼神，害怕他们给我更多的是同情，我好像停在了23岁刚生病的那一年，之后的时间对我而言，只是病房里的那一方小小的空间。

死亡与爱是一生的课题，学会释怀与接受也是。

可是啊，我还是想告诉你们，要好好生活，因为除了生死，其他都是小事。

想要告诉你们

1.

很多人都会面临一种这样的现状：即使再怎么努力也改变不了现状。

现实已经困住了你，让你根本没有前进的勇气，而你也认为自己不能改变。

其实这就是困境转化为自卑，让我们以困境为借口，逃避人生的话题。

其实困住我们的不是疾病或痛苦，而是我们的心。

我们不能生活在真空中，无论是痛苦还是悲伤，都要学会接纳自己。

每个人都有难言的痛苦，更需要我们向内看，发掘那些能够带来"怎样生活才能给我们带来快乐"的私人的时刻。我们可以通过梳理心情进行自我回顾，定位自己的价值观，这样就会发现更容易做出符合真实自我的决定，从而让自己投入真实的生活。

学会自我肯定，有了"自我肯定"的体验，我们会重新认识自己因为迷茫痛苦的环境而不敢"探索"的那一部分，进而思考和释放自己的情绪。

在释放情绪的过程中，那些可能是创伤性的经历会逐渐弱化。

2.

每个人的存在本身就是有价值的。

心理学有个术语叫"自我意识"，也叫"自我认知"，自我评价是自我认知中的核心成分。我们要内心强大，首先就不能因为别人的否定而否定自己。

生活中有很多无奈、孤独与痛苦，我们很难从外界寻求到安慰，又盲目地把自己封闭起来。于是不得不停留在一个时间节点——把自己的乐观隐藏起来，把自己的缺点失落无限放大，自怨自艾。

其实，这很可能是因为我们缺少内在驱动力，缺少让自己破壳而出的目的。在这个前提下，我们可以寻求更好的"目的"，把自己从苦难中"分离出来"，勇于"改变"，获得更幸福的生活。

当我们不再害怕前进，就意味着我们已经接受了周围的一切。当我们有勇气改变我们的生活方式时，即使有困难，我们也可以前进，一往无前。

3.

在阿德勒看来，追求优越性是人的天性，一旦理想无法实现，人就会自卑。无论是自卑还是追求优越性，本身都没有错，都是一种能促进一个人努力和成长的正向激励。

一个人的人生幸福与否，关键不在于过去发生了什么，而在于你对当下的专注，以及此时此刻你对人生做出的定义。

有勇气接受自己，就是正视自己的过去和缺点。

要学会接纳自己的情绪，释放大脑记忆。内向、自卑、高敏感不是病态，而是一种可以促进健康和努力的刺激。只要处理得当，就会成为成长的催化剂。

世间万物并不是只有一个标准，所以要避免被焦虑所裹挟，接受焦虑，放下焦虑。

这个过程就是自我和解。

我们要积极融入身边的共同体环境中。

让我们拥抱真实的自我，有勇气追求私人化和独特体验的生活。

研究发现，主动给予他人社会支持的人，能够与他人保持更紧密、更有深度的人际连接，不仅更快乐、有更高的自我价值感，还能收获身心健康。

面对所经历的一切，哪怕笑中带泪，也要充满希望。

4.

阿德勒对共同体的定义不仅指学校、公司、家庭等小集体，还包括国家、社会等大集体，甚至包括空间和时间。阿德勒指出，个体在小群体中不可避免地会受到排挤和压制。此时此刻，人们必须意识到自己属于一个更广泛的共同体，这样才能保持稳定的归属感。

无论如何，我们都应该积极参与共同体活动。

所谓积极参与，就是让我们学会正视生活中的各种话题：不回避社会、工作、爱情中的人际关系，主动行动，思考自己能给别人带来什么，而不是别人能给自己带来什么。

勇往直前，不要害怕现实的困难，永远对自己有信心。

多读书。当你了解了这个世界，你的视野自然会开阔，你就会明白，在生活中遭受苦难是大多数人的常态，就像有一句话说的那样："当生活给你当头一棒，让你坠入悲伤之海时，你能做的就是奋力游向水面，重新呼吸。"

阿德勒认为幸福是一种贡献感。人们在社群中会感受到自己的价值，这种贡献感不是建立在他人的评价上，而是一种因为自己积极参与而自然产生的主观感受。

此外，要成为共同体的一员，我们需要建立起对他人的信任。虽然这种态度可能会让我们在生活中受伤，但只有通过这样的尝试，我们才能把别人当成朋友，建立起更好的人际关系，从而获得自己的幸福。

5.
我们的生活总会遇到坎坷、挑战和失望，但是我们总是会用自己的力量去面对它。

有心理学家认为，建立真实的人际连接是发展有意义关系的重要组成部分。你只有带着真实的自我出现，才能真正地与他人建立联系，并体验到真实的爱、亲密和归属——这是马斯洛需求层次理论中最重要的需求。

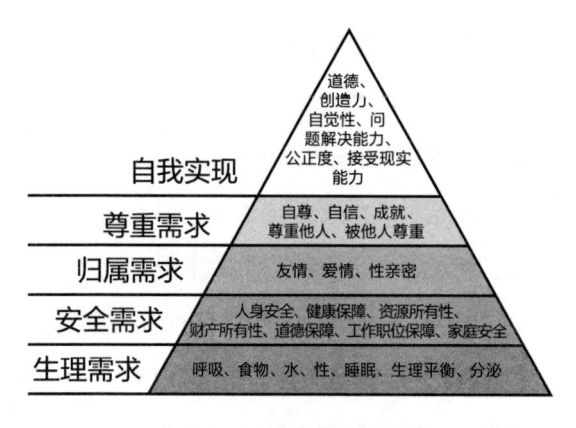

```
                    道德、
                    创造力、
                    自觉性、问
                    题解决能力、
                   公正度、接受现实
                       能力
自我实现
              自尊、自信、成就、
尊重需求      尊重他人、被他人尊重
归属需求      友情、爱情、性亲密
              人身安全、健康保障、资源所有性、
安全需求  财产所有性、道德保障、工作职位保障、家庭安全
生理需求    呼吸、食物、水、性、睡眠、生理平衡、分泌
```

图1-1 马斯洛需求层次理论

在生活中尝试正念。活在当下，保持一种主动、开放以及有意地关注当下的精神状态。

我们可以通过自我觉察，形成对自己连贯的、多面的认知和身份感。

不带偏见地处理关于自我的评价体系，客观地认识自己，无论是积极的还是消极的。

在正确的判断下，在行为层面努力做到"真实"，做与自身价值、偏好、需求相符的事情。在真实的人际连接中，你会经历多种情绪表达，大脑会释放多巴胺和内啡肽，会让你远离无所适从，摆脱难以消化的负面情绪。

6.

阿德勒说："只有当我们认为自己有价值时，我们才能有勇气。"这种勇气使人积极努力，不惧怕失败的可能。

只有清楚地明白"失败"并不会带走我们的"价值"，我们才会有这个勇气。

当我们真正认识到积极向上的生活态度、昂扬向上的状态是有价值的时候，我们自然会认为，即使是非常普通的生活，也是值得我们认真去过的。

我们也能够从更积极的角度看待自己的处境：无论事情的结果是否符合预期，我们都愿意保持乐观的心理状态。

生活中的各种经历塑造了我们，而我们也会塑造自己的人生。

当我们能够和世界去真实相处时，我们的内心才会真正活在当下。

学会照顾自己，体验更积极的生活。只有照顾好自己，才能滋养和放松自己的身心。

每一天都是新的，每一分钟都是新的，每一瞬的感受都是新的，放松了心情，我们也会拥有更多的勇气。

当我们决定要改变自我、突破自我的时候，也就拥有了新的天地。

真正变好的不是这个世界，而是你自己。

正确的自我反思，
会让你找到前行的方向

TA说

小时候的我非常要强自信，成绩优异，人见人夸。

那时的我觉得，我这么优秀，别人喜欢我再正常不过了，心里充满了小小的骄傲。

上高中之后，因为爸爸出轨，妈妈选择离婚，我和妈妈从此开始了并不太如意的生活。我开始长胖，成绩变得不稳定，脸上也长了好多青春痘。

从那个时候起，我总觉得自己不值得拥有好的东西，也慢慢地学会了伪装，拼命地维持着表面的优秀人设。我认为别人一旦看到真实的我就会讨厌我。

上大学后有男生喜欢我，因为怀疑对方对我的感情，我就让对方用极端方式"证明"对我的爱,反反复复地试探对方是不是真的喜欢我,直到对方受不了离开,以此来自证自己确实不值得被爱。

我无法与自己喜欢的人真诚地相处,总觉得别人的真诚是伪装出来的。

这种"我不值得被爱"的感觉一直持续到我参加工作。

当时的我结束了一段反复纠缠的感情,分手之后我开始赌气,觉得我就算不被人爱又怎么样呢?我就是这么让人讨厌又如何呢?

经过了一段时间的消沉,我发现我不能再被这些东西束缚了。

一个人是需要独自长大的,我放弃了伪装,大大方方地做回自己,哪怕还有无数缺点,我也学会了接纳自己。

我开始不断学习,自我完善。虽然仍有很多需要承担的责任,对未来也有着无法释怀的不确定感,但我变得相信自己,也渐渐明白每个人都是独立的个体,都有自己的路要走,哪怕一开始走错也没有关系,只要能及时调整方向,找回自己。

生活中有那么多不可预料的事情,不管害不害怕,事情都会发生,所以应该选择坦然接受和面对,不要那么较真地和生活对抗。

你在烦恼什么呢
——跟阿德勒学超越自我

允许世事无常，允许遗憾的发生，接受我们不可能被所有人喜欢的现实。

某天我和妈妈聊天，我说我竟然又可以真正乐观积极地开导别人了，这次不再是伪装的了，而是发自心底这么认为。

妈妈说："人生就是这样一步步走过来的，那些困难总是会有解决办法的，我们也总是可以找到更多自己喜欢的生活方式，甚至可以在拥挤的生活中体验出百般滋味。"

哪怕成长路上有很多坎坷，坏情绪时不时地蹦出来干扰我，让我大哭一场，但是我觉得接受自己首先要接受自己的情绪，爱自己才是最好的。

再后来，我遇到了现在的男朋友。我们戏剧性的相遇让我在第一次和他见面时，就展现了自己最真实甚至有点搞笑、有点不堪的一面。他被我的真实吸引，在后来的相处中，我认真做好自己，我觉得他喜欢的是真实的我，而不是那些维持给外界看的种种人设。

虽然现在的我仍然有很多缺点，比如情绪不稳定、意志力有点差、爱流眼泪等，但我接受了这个不完美的自己，我最爱的人也接受这样的我，让我不再自我怀疑。

我们每个人都要把心里那些干枯的花朵，拿出来放在暖阳下晒一晒。

人生哪怕平平淡淡，也是最最珍贵的。

想要 告 诉你们

1.

心理韧性，又称"心理复原力"。事情总是在变，当遇到挫折或不如意时，人的心理韧性越强，就越不会轻易被击倒，反而有可能"越挫越勇"，甚至逐步实现自我超越。

在时间维度上，找到自己的心理复原力，拉高你人生的幸福指数。

要想在正确的轨道上前行，需要关注的就是"自我反思"。

主动反思自己，随着时间的推移不断增强自己的力量，构筑起我们的自我堡垒。我们在未来会愿意打开更多的可能性，更愿意真诚地对待别人。

2.

为了实现理想，首先要培养自己的专注力，因为每当我们想要关注某件事的时候，就会渴望排除一切干扰。

当我们心中有了目标，在生活中就不会把注意力局限在自己的小空间里，每一分每一秒都会专注于捕捉闪烁的记忆。

用阿德勒的话来说，目标指的是在我们和具体事实之间架起桥梁的意愿，这基于我们的需求。而我们如果对周围的一切都漠不关心，就会对这个世界感到厌倦，只是一个人生活在自己的小世界里，生活就会一片黑暗。

我们不会去琢磨过去的某件事或者未来的某种可能性，也不会被那些虚拟的概念所侵蚀。相反，我们会开放地接受所有的经历，不去预设这些经历的结果，相信过程才是最有意义的。

3.

面对困难，很多人的第一反应是强迫自己振作起来。

这看似是在鼓励自己更快走出困境，其实是在压抑自己的负面情绪，否定自己的真实状态。

心理学家贝马尔·韦纳提出了归因理论，将人的归因风格和对生活事件的心理影响分为三个维度：

内在 vs 外在会影响人的情绪反应；

可控 vs 不可控会影响人们坚持目标的意愿；

稳定 vs 不稳定会影响人们对未来的预期。

表1-1 成败归因的三个维度

维度 因素	因素来源		可控性		稳定性	
	内在	外在	可控	不可控	稳定	不稳定
能力	√			√	√	
努力程度	√		√			√
工作难度		√		√	√	
运气		√		√		√
身心状况	√			√		√
外界环境		√		√		√

归因理论可以有效区分哪些部分是自己可以控制的，哪些部分是不可控的，从而有助于我们合理分配资源、解决问题。

世界在不断变化，生活状态也可能会被改变，所以我们要对未来有更积极的预期，这样也更能看到努力的价值。

真正能帮助我们走出困境的，恰恰是强迫自己振作起来的反面——接受当下的负面情绪，允许自己暂时无法变好。为了达到更好的状态，我们需要照顾好自己。

自我照顾意味着一个人可以对自己表示同情，以应对不足、失败或普遍的痛苦。在自我照顾中，我们能够理解自己的痛苦，给予自己支持和关怀，陪伴自己渡过难关。

此时此刻，我们应该让自己的心去探索。我们每个人都有软弱的一面，做不了那么多，也承受不了那么多不切实际的期望。正因为如此，探索的过程才显得如此珍贵。

4.

人活在这个世界上，难免会有很多烦恼。

很多时候，我们总是执着于自己的缺点，总是纠结在其中，让自己越来越不开心。

生活中总会有一些不属于我们的人和事，抓住这些我们无法拥有的人和事不放对我们没有什么好处。反复去想这些往事，只会激起我们更多的焦虑。

放手不是忘记，而是不让过多负面情绪进入你的生活，主动放下焦虑，接受已经发生的事情。

5.

如何获得放下的能力？第一步是认真对待生活，为了美好的生活而努力。

允许新鲜事物进入你的生活，不要给过去机会。

总有一天你回头时，会发现过去离你很远，不再重要。

我们要允许人生起起落落。

我们应该相信充足的内部资源是我们为应对下一个困境而准备的。

要增强我们的心理承受力，关键是要改变我们对挫折的看法。

　　人的承受力越强，就越有能力不被自己所处的艰难环境压垮，在困境中实现自我修复，甚至取得超越大多数人的成就。

　　心理承受力更强的人，对压力的抵抗能力也超越他人。这些人在同等压力下表现更好，他们有更多的机会去接受挑战——因为他们能够承受压力而不导致自我崩溃，所以他们有更多的机会去突破自己，在应对挑战的过程中建立起更多对自己的认识，找到面对世界的信心。

… Part 2 ·

勇于面对——个体自由 与整体归属感

无数个咬牙坚持的瞬间，无数个崩溃又治愈的时刻，都在时间的流逝中汇成我们生命的宽度。内心的建设和个体的成长是永恒的主题，我们在一次次的尝试中找到方向，构建出一个新的自己。回归，也是重新出发。

今晚夜色真美，为什么我只适合刺猬？

TA说

我从小学习成绩很好，性格也很好，一直是班里最优秀的学生。

小时候觉得好自由。吃着零食，看着自己喜欢的动画片。

夏天坐在奶奶家的房顶上，数着星星，听小院子里的大白鹅嘎嘎乱叫。

那时的我觉得一切都特别美好。

之后考上了我们小城最好的高中。然而，在高一快结束的时候，因为学习的压力，我被确诊为抑郁症。

医生劝我退学，但这个时候我怎么能当高考的逃兵呢？

所以我选择坚持上学。

我总是在凌晨醒来，失眠。头发一把一把地掉。

我喝了无数中药，依旧不管用，半夜还是会不由自主地躺着流眼泪。

我不敢告诉别人，怕他们说我矫情。

有时候看着外面明晃晃的月亮，我觉得我就像是西瓜地里的一个西瓜。

这是我长大的梦想吗？不，这不是我所期望的。

总想得到更多的"成绩"，结果却得到更多的"压力"。

即使吃药，抑郁症的情况依然不见好转，甚至到后来每天精神恍惚，吃不下东西，浑身没有力气。

有一次，妈妈抱着我哭了好久。

在经过反复的思想斗争之后，我选择退学了。也许以后会后悔选择退学，但当时只觉得能正常地活着更重要。

当所有的同学都在准备高考的时候，我跟着妈妈去了云南散心。

我们在云南的小客栈里住了很长时间。

在小客栈里我遇到了各种各样的人。之前生活在一种模式下的我，从没想过人生是如此的多元——不是每个人都过着按部就班的生活，不是每个人都因为优秀而快乐，也不是所有人都高考成功。

你在烦恼什么呢
——跟阿德勒学超越自我

那段时间恰逢月半，桂花树开了，那种沁人心脾的花香，洗涤心灵。

遇见了一个很温柔的小姐姐，她也曾经是抑郁症患者。她说，她之前一直追求大家所期待的"正确"，后来才明白，人只有在做自己喜欢的事情时，才能感受到自己在真正地活着。

从云南回来，我又回到了学校，但是不再焦虑，我为自己设定了新的目标，但是我并不害怕失败，觉得人生就是一次次尝试，即使失败了也没有关系。

拿到医学院录取通知书的时候，我终于明白了小姐姐说的话。活着的意义在于，永远不要害怕后悔，因为无论我们做出什么选择，都可能会后悔，但我们总能在这个过程中成长。所以，我们要勇敢地选择自己真正喜欢的，因为最终，除了我们自己，没有人需要承担我们生活的后果。

初秋，白露为霜，天气渐冷，我想起了记忆中的桂花飘香，好像每日都是喜庆的时节。

大学毕业后的那个夏天，我和妈妈决定一起去海边看夕阳。

在那些小岛上，我们聊了很多、很多。

夜晚，浩瀚的蓝色潮水的声音在梦中久久回荡。

我对着拍打着海岸线上的岩石的海浪大声呼唤自己

的名字。

我看到的美丽的天空、海鸥、激荡的海水，慢慢地盛开在我青春的回忆里。

我很感激当时妈妈和我在一起，有这样的陪伴和理解就足够了。

虽然这个世界很奇怪，但你总能找到一种属于自己的生活方式。

想要 告 诉你们

1.

阿德勒说，我们都是不同的。世界上不存在性别、年龄、知识、经历、外貌都相同的人。我们应该积极看待我们与他人的差异。我们虽然不同但平等。人是不一样的，这种不一样不是善恶好坏的问题。因为无论差异有多大，我们都是平等的人。

生而为人，不同而平等，大多数人擅长的事情没有那么严格的好坏之分。只是有些人的优点被传统社会观念所认可，有些人的则不是；有些人的优点可以被看到，有些人的则不那么容易被看到。就像世间万物，有的带来希望，有的照亮我们前行的路。因为每一个都是不同的，所以构成了世界的奇妙和完整。

2.

身处繁杂的社会关系中，我们要学会"课题分离"。

"课题分离"的目的不是疏远他人，而是解决复杂的人际关系。当你迷失在人际关系中的时候，你要思考："这是谁的话题？"想要建立良好的人际关系，需要保持一定的距离，但是不要太远。

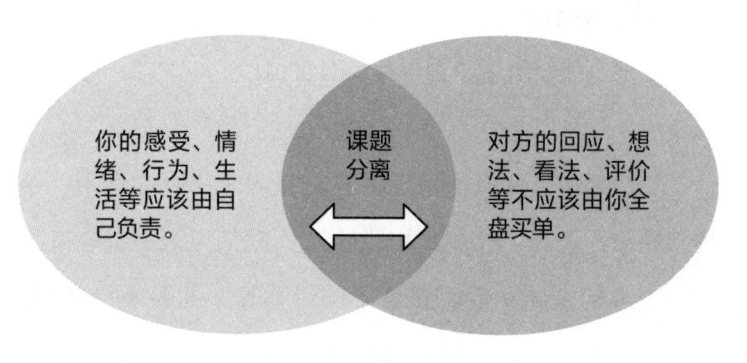

你的感受、情绪、行为、生活等应该由自己负责。

课题分离 ⟷

对方的回应、想法、看法、评价等不应该由你全盘买单。

图 2-1 课题分离

一方面，我们在群体中要建立起互惠的横向关系，专注于自己的话题；另一方面，当别人需要帮助时，我们也会积极贡献自己的力量。

不要干涉别人的人生，也不要让别人干涉自己的人生。

信任别人是我自己的课题，但别人如何对待我的信任是另一个课题。"我们不需要满足别人的期望"，你活着不是为了满足别人的期望，当然，别人活着也不是为了满足你的期望。所以，当别人的行为不符合自己的想法时，不要失望和愤怒。

3.
学会课题分离的同时，我们需要建立自己的"共同体感觉"。

"共同体感觉"是阿德勒心理学中的一个重要概念，指的是把别人当作伙伴，觉得自己有价值的一种状态，即信任他人，在群体中找到归属感。

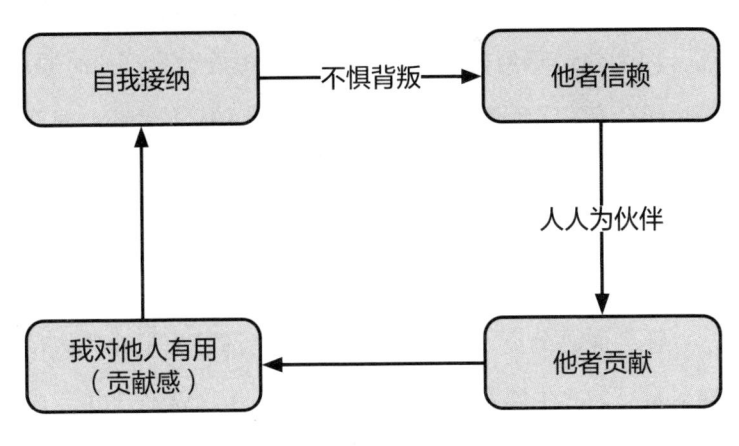

```
┌────────┐   不惧背叛   ┌────────┐
│ 自我接纳 │─────────▶│ 他者信赖 │
└────────┘            └────────┘
    ▲                     │
    │                     │ 人人为伙伴
    │                     ▼
┌──────────┐          ┌────────┐
│ 我对他人有用│◀─────────│ 他者贡献 │
│ （贡献感） │          └────────┘
└──────────┘
```

图 2-2　共同体感觉

你在烦恼什么呢
——跟阿德勒学超越自我

　　我们要创造，去激励，去感受快乐，去支撑自己。同样身处困境，那些相信自己有能力实现目标的人，会选择不断尝试，为自己赢得突破的机会；而那些认为自己没有价值、不配成功的人，可能会选择被动等待，无意中错过改善的可能。

　　"共同体感觉"会提醒和鼓励我们积极与外界维护关系，加强联系。这里的"鼓励"是在知道对方需求的前提下的一种回应。鼓励最重要的不是评价、表扬或批评"做得如何"，而是表达"谢谢"和"我的感受"。那些鼓励的话语，像星星一样，也许它不会发光，但无论什么样的夜晚，当你回首时，你知道它们在夜空中温柔地注视着你，给你带去小小的力量。

　　同样重要的还有家人的守护。被守护的人可以照顾自己，因为他们感到被别人照顾。当你想放弃自己的时候，身边还会有家人珍贵的守护，也因为家人的陪伴，你会重新获得珍惜自己的力量。

　　4.

　　学会课题分离，建立共同体意识，都是为了让我们在面对自己的人生问题时，不会随波逐流。这就是自由。比起别人怎么看自己，我们更应该关心自己过得怎么样，这样才能活得自由自在。不在乎别人的评价，不怕被讨厌，不追求被别人认可，这样才能找到自己的生活方式，获得自由感。

停止对自己的批评、指责，试着提醒自己"我很棒""我不完美也没关系""不成功也没关系""人无完人，我接受真实的自己"。你不必对那些对自己不友好的人好，你只需要关注那些能像你一样接受你不完美的人。

学会沟通，给自己积极的心理暗示。

大胆表达自己愿意与人交往，让朋友知道你需要他们。在很多情况下，我们因为害怕被拒绝，不敢迈出那一步。为了改变，我们必须放弃这种想法。

我们怎么知道对方一定会拒绝？就算对方拒绝，也不代表我们不够好。可能对方就是没空。勇敢地迈出那一步，不要害怕被拒绝，你会发现很多人愿意和你相处。

比起孤独，为什么更害怕与人交往的累？

TA说

每次和别人说话的时候，我总会不由自主地紧张，好像是在强颜欢笑。

和别人认识时，脑子里总是大写的一个"累"字。

有时候会在心里问自己："我这是怎么了？"

每次张嘴说话，都像是喉咙里被东西卡住一样。

或者脑袋里一片空白，想要表达的都无法表达到位。

一直觉得自己性格或者心理有些问题，让自己很难受，但又不知道如何是好。

总是担心被别人注视、观察或评价;

担心自己在别人面前出丑或者被一些不恰当的言行弄得尴尬;

同时,也害怕被别人看成一个脆弱、无趣、无知、愚蠢的人,害怕被人鄙视、拒绝、嫌弃和羞辱。

我更多的时候是面对事情畏缩不前,无法处理好人际关系。我经常责怪自己,经常有被围攻的感觉。

总是在乎别人的看法和自我评价。

喜欢拖延,避免社交。

经常过度解读和过度反思。

性格软弱,执着于自己的不完美。

结果出现各种奇怪的行为,比如逃避。

如果因为一些事不得不进行社交,我甚至会在前一天就紧张和焦虑,无法集中精力做手头上的任何事情。

总是缺乏与人沟通的勇气,我无法描述我的感受。

我无数次希望我能很自然地就和他人成为朋友,就像很多人一样。

就是那种心情放松,自由自在,想说什么都可以,属于那种无忧无虑的情况。

很多人跟我说,只要做自己就好。我明白,但是我做不到,因为这些小情绪总会跳出来影响我的生活。

我这是过度自卑吗，还是我内心不够强大？那些真的很琐碎的小事使我莫名其妙地缺乏安全感。

想要 告 诉你们

1.

通常我们认为有"社交恐惧症"的人选择一个人躲起来，是因为害怕见人，害怕被所有人注意。但阿德勒从"目的论"的角度解释了这种行为，认为患者一开始就选择逃避，是因为他们担心自己无法成为公众关注的焦点，无法接受自己不是世界的中心。

而"社交恐惧症"只是一种逃避的手段，是个体为了逃避社交这个"目的"而产生的。

卡尔·荣格曾经这样说过："人们会想尽办法，以各种荒谬的方式，来逃避面对自己的灵魂。"

当我们发自内心地对自己不满、不喜欢自己的时候，很容易把自己的心投射到别人身上，认为别人不会喜欢自己。甚至变得非常在意自己在别人眼中的形象，在意别人对自己的评价。

毕竟，投射是一种自我防御机制。当我们意识到对方可能讨厌我们的时候，我们选择了逃避。

这种逃避有时会伪装成"社交恐惧"出现，因为"社交恐惧"本质上是从内心深处害怕面对最真实的自己。

当你真正喜欢自己的时候，你就不会那么在意别人是否喜欢你了。

当你不那么在乎外界评价的时候，你就不会那么害怕社交，也不会被人际关系所"累"了。

2.

我们总是害怕与人相处的"累"，这让我们被"我是如此的糟糕"这种不好的感觉所束缚。我们因此总觉得自己不配过一种更好的生活。

我们不得不承认，很多时候是我们自己束缚了自己的生活。

这些阻碍我们生活的特征或观念，就像"生活束缚"一样，让我们用固有的思维模式去解读一切。更糟糕的是，它们通常隐藏在我们的潜意识中，我们很难察觉。当我们遇到问题时，它们悄悄地出现，操纵我们的思维，让我们用"逃避"的方式去处理。

生活束缚对你的影响比你想象的要大。

生活束缚对我们的影响渗透到生活的方方面面，不仅是对自己的看法，还有对人际关系乃至整个世界的看法。

人际交往有一个很重要的意义是独处所无法替代的：我们和别人相处就像在照镜子。

内在力量越弱，人在人际交往中就越恐惧，也容易讨好或者疏远别人。

社交恐惧往往是由不自信引起的。总是担心自己不够好，担心别人看到自己有很多缺陷。但其实这只是自我否定，消极的自我暗示会放大自己的缺点和别人对这些缺点的关注。

3.

阿德勒的目的论，即目前的一些所谓"不幸"和"困境"，可能只是逃避必须做出的努力的借口，因为努力之后，可能会失败。有些人宁愿忍受当下的"不适"，也不愿意忍受努力后可能的失败。

这个时候，那些"我做不到""没办法""假如……那么……"都成了达到逃避目的的借口。

我们要学会和自己的感情保持一个观察者的距离。当我们焦虑的时候，不要让这种焦虑引发更多的负面情绪，而是先观察自己的想法和感受。你会逐渐意识到，那些想法和感受是没有必要的。

人不是生活在客观世界里，而是生活在自己创造的主观世界里。每个人看到的都不一样，分享的心情也不一定完全能够得到体会。

当我们把注意力放回自己身上时，我们的内心是稳定而平静的。不要在乎眼前的得失，重要的是你是否在更长远地走自己选择的路；不要管别人的评价，你会变得坚定和安全。

正视"生活问题"，即不回避工作、交友、恋爱等人际问题，积极面对。如果你认为自己是世界的中心，你就不会主动融入共同体，因为其他人都是"为我服务的人"，没有必要自己采取行动。

但是哪个个体都不可能是世界的中心，都需要主动用自己的角度去面对人际关系的话题，不是想着"这个人会带给我什么"，而是想着"我能给其他人带去什么"。共同体感觉指的是"把他人视为朋友，感受自己在其中的地位"，这就是对共同体的参与和融入。

4.

所以，当我们发现自己厌倦了和周围的人相处，坚持自己就是最好的办法。

只有坚持自己，对自己诚实，才能逃离操控的枷锁。

把对方说的话和情绪分开。如果对方不再讨论客观事实，只是在情绪上进行压制，那么，我们需要做的就是主动退出对话。

人际关系的终点是"共同体感觉"。

共同体感觉就是"把他人视为朋友，感受自己在其中的地位"，这就是对共同体的参与和融入。

通过人与人之间的互动，我们可以发现，真正的沟通隐藏在深层的交流中。

我们应该让心胸开阔起来，把别人和自己当作一个整体，懂得付出，乐于帮助别人，有更多的利他行为。当看到别人处于困境时，心胸开阔的人，更有同情心，更有同理心。所以，在日常生活中，这样的人往往会不求回报地给予身边的人帮助。

当我们不求回报地帮助他人时，我们内心的满足感会显著上升，我们会更容易感受到来自他人的善意。

当我们深刻坦诚地表达自己的时候，内心的力量也在提升，良好的人际关系就开始了。

5.

你内心的力量越强大，你越容易达到内心的平静。

内心的平静可以通过对自己极度诚实来实现。

对自己的态度和想法诚实,表达自己的欲望并勇于拒绝,才是达到内心平静的通道。当你能做到这一点的时候,生活的选择权就由你自己掌握,你就不会在迷茫和无助中再被生活推着走。

从与身边的人交往开始,逐步走出这种社交恐惧。

这是一个循序渐进的过程。

要有"走出去"的勇气,一定要多和外界交流,相处的时候尽量放开自己。慢慢地,你会觉得社交没有那么难,且放轻松。

当你一次又一次从陌生的社交中获得良好的反馈,你会越来越自信。

6.

接受不完美,不否定自己。

不要害怕别人对自己的评价。

走什么样的路,只有你自己知道。

别人对你做出那样的评价可能是因为不够了解你,所以你要展现最好的自己,让别人更了解你。

如果能多读一些书,开阔视野,丰富阅历,就能在社交场合有话可说,更容易找到与他人的共同话题。

在高度的社会融合中,我们能够从不同的关系中感受到更丰富、更有导向的价值感，我们需要积极参与到真实的关系中。

当生活的某些方面暂时不尽如人意时，我们仍然可以从其他维度得到积极的反馈，从而有继续努力的动力。

学会接纳，换季的并不只有水果和气温

TA说

初中的时候，我开始了很长一段时间的叛逆期。

我懵懂无知却又鲁莽固执，仿佛要与整个世界为敌。

想要挣脱束缚我的各种关系，有时候我独自骑着自行车穿过幽静的小路，或者逃课在学校后面的小湖边游荡。我不知道我在想什么，但是我每天都很难过、很压抑。

好像总是在纠结，在青春期承受着说不出的无奈和孤独。

经过很长时间的调节，我开始学会自省。

慢慢地学会爱自己。我们都习惯于盯着自己的缺点，

你在烦恼什么呢
—— 跟阿德勒学超越自我

不接纳自己，折磨自己，评判自己，忽略自己。要给自己创造一种"我值得"的感觉。当一个人总是觉得自己不够优秀的时候，TA就会一直处于痛苦之中。

我在心里告诉自己，我很好，无论发生什么，我都可以很从容地面对。每个人在这个世界上都扮演着独特的角色。这个世界上没有谁是完美的，我们都犯过错误。如果我们还在惩罚自己，惩罚就会变成一种习惯，让我们无法释放，无法找到积极的解决方法。

26岁的我，经过岁月的沉淀，学会的是冷静与克制、温暖与理性，没有抱怨与退想，脚踏实地地面对前方的路。

遇见了自己爱的人，就像老朋友如约而至，让人心旷神怡。

哪怕现在感到焦虑也没关系，时间会让我们成长，让自由混乱的状态归于平静规律，让坎坷的灵魂栖息，让我们学会知足，学会感恩他人。

30岁的时候，我有了自己的孩子，但是我知道，我并不比一个孩子更成熟、更睿智，而只是比孩子多走了一些路。这种平等，不需要刻意掏空自己去爱和付出，对孩子也不要过度期待。对孩子的掌控，以及不自觉的操纵，大多是父母的心理投射。在被控制的关系中，没有真正的爱。

不必为了孩子刻意放弃自己的工作和爱好。

Part 2 勇于面对——个体自由与整体归属感

年少的时候,仿佛要与整个世界为敌	想要挣脱束缚我的各种关系
负面情绪像是一个影子	经过调节,开始学会自省
要给自己创造一种"我值得"的感觉	保持自己的健康生活方式

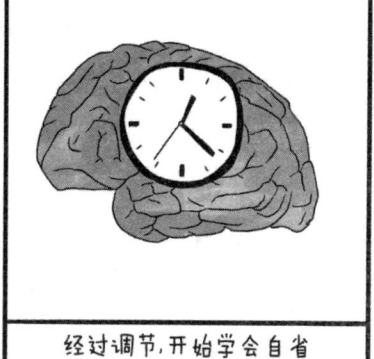

相反，保持一些真正爱自己的健康生活方式，对孩子也是一种很好的教育。

想要 告 诉你们

1.

让我们感到"无法接受现在"的不是外界，而是我们过于关注未来的大脑。因为我们在不断思考未来需要做什么，所以容易产生时间不够用的焦虑。

大脑过分关注过去和未来。抑郁是对过去已经发生的事实的悲伤，焦虑是对未来可能发生的危险的恐惧。当我们的关注点过多地停留在过去和未来时，负面情绪就有很多机会滋生。

其实我们只能活在当下，可以试着停止管理你的时间，试着管理你的注意力，关注此刻我们能做什么，而不是未来必须做什么，这样才能真正缓解我们对时间的焦虑。

有些事情，只要你去体验当下的感觉，就会有不一样的收获。

所以，价值其实并不需要我们"做什么"，"存在本身"就有价值。

接纳自己会带来温暖和快乐。

不要被那些不好的感情所迷惑,因为你真正爱的东西可能就藏在这些感情迷雾的背后。

所以,感知每一种细微的情绪固然重要,但只有客观分析这种情绪背后的真正原因和意义,才能帮助我们一步步找到自己真正想要的东西。

在生活中,你会发现,一个有很多负面情绪的人,并不是真的能控制自己的情绪,而是因为控制不了自己的生活,给自己造成了很多挫败感。

2.

很多时候,情绪只是一个影子,我们不要过度放大它。

不要把精力都花在处理情绪上,而是要学会借助情绪不断调整和改变,从而改善我们自己的心态和状态。

解决自己的缺点和不完美,接受不能改变的部分,承认自己的局限和不想正视的坏习惯。

当痛苦发生时,不要试图压抑或否认自己的负面想法和感受,否则在情绪上会迎来更激烈的反击。如果你试图抑制消极的想法和情绪,它们可能会暂时消失,但很快就会重新出现,或者变成其他消极的想法和情绪。

别压抑内心、否定现实。

自我的另一个负面机制是，在生活中，总是过分突出自己，容易把自己和自己无关的事情联想在一起，觉得那是针对自己的，让自己受伤，导致自我认知僵化。

3.

人生最重要的一课就是学会接纳自己，当我们遇到不完美的自己时，我们不应该只是否定自己。

有些人习惯了"自我设限"，总觉得自己是个什么样的人。没有意识到人是复杂多变的，在不同的情况下可能会做出不同的反应，不相信自己能够改变，只按照僵化的自知之明去行动和思考，这会受到固有模式的极大束缚。

只有学会接受一个不完美的自己，才能真正从容应对那些看似消极的坏情绪。

所谓"接受"，就是承认、知道、感知。如何学会接受？只要认真去感知自己的想法，把自己的记忆、情绪、思考作为客观反应，像观察植物怎么生长、四季变换、日升月落一样去体会、等待、陪伴、欣赏、赞美，我们就会发现没有不变的反应、情绪、想法。

我们总是害怕面对自己的不足，害怕别人的评论。

每个人都不完美。我们都需要接受自己的不完美，相信自己值得被爱，懂得关爱自己。"社交恐惧"本质上是一种面对特定关系中真实自我的恐惧，是对自我的否定。接受自己的不完美是走出社交恐惧的第一步。

只有学会接受自己的一切，才能更好地对症下药，及至面对生活中的问题，为自己争取更大的突破和可能。

4.
是什么束缚了我们的生活？

当我们在生活中遇到一些困难时，我们身上固有的一些品质或观念会限制我们的能力，使我们无法以最佳状态应对问题，从而感到焦虑和抑郁，进而使我们无法正视和解决问题，陷入恶性循环。

如果真的想摆脱这些困难，方法极其简单，那就是调整目的，有"失败的勇气"和"不完美的勇气"，积极努力，掌握未来的主动权。

一路走来，我们可能会发现痛苦的想法和情绪背后有美好的欲望和追求，痛苦的反应背后有保护性的警示功能。当风平浪静、雨过天晴的时候，你会发现世界在变，机会无限。或许，到那时候，你不再抱怨、后悔、焦虑、恐惧，而是感恩和感动。

5.

我们也需要学会接受生活的不确定性。

世事无常,所以要时刻提醒自己去适应新的情况,甚至提前做好准备,尽量以更加积极平和的心态去面对一切变化,让自己在不断到来的各种情况下保持稳定和放松。

如果你学会爱自己,你就能爱和接受别人。当你开始学会真正地爱自己、接纳自己,你生活的方方面面都会奇迹般地发生改变。

其实大多数人都会遭受情感上的痛苦。或许你的脑子里一直在进行一场没有硝烟的战争,但问题是你不用一直生活在战场上。你可以随时退出战场,进入现在的生活。生活中出现问题的时候,不要一味地抗争,要学会接受各种情况。无论人生经历了什么,都要从内心接受这些看似不好的东西和自己想要拒绝的东西,把它们当成一种生活状态。无论遇到什么都能坦然接受,这样的信念会让你遇到更好的生活。

6.

如果你还在对自己说:"我讨厌我自己,周围的人都不喜欢我,我不值得更好的生活。"那么,没有什么美好的东西会来到你身边。"对自己不满意"是一种习惯模式。如果你现在能爱自己，能接纳自己，能满足自己，当美好的东西出现时，你就会感到幸福。

接纳自我之后，我们仍然需要采取行动。行动就是在价值观的引导和推动下，采取越来越有效的行为模式。也意味着你有改变自己的动力，准备好接受挑战，按照自己需要的方式生活，努力让自己的行动与有价值的生活保持一致。

同时要学会接受现实，以积极努力的人生态度作为公认的价值。

尝试我们从未经历过的，有力量专注于我们能做的，为自己创造美好。

7.

学会自我接纳，让我们在很大程度上接受自己所有的特征，无论那些特征是积极的还是消极的。

只有抛开对抗的情绪，才能更好地减少内心的痛苦。无论是健康还是疾病，都是对自己的一种反应。当你不在乎的时候，这些负面的东西就伤害不了你。

很多时候，伤害我们的不是苦难，而是我们的情绪。

接纳自己永远是比自我折磨更高效、更快速的适应世界的方式。

学会接受真实的自己,因为那是对生活最温柔的宽容。

茶叶放到茶壶里,就像一个人融入大环境中,当鲜嫩的叶子开始萎缩、变色、发酵……直到变成另一个样子,随着水慢慢煮开,香气和味道就已经不一样了。

只有真正地接纳自己,找到真实的自己,才能修正我们大脑中扭曲的情节和认知,更新我们的人生经验,让我们通过时间的反馈,看到自己更多的一面,遇见"更勇敢的自己",看到现实中的自己,治愈现实中的自己。

摆脱塑料情谊，把心里的垃圾倒一倒

TA说

我在大学认识了一群可以一起出去玩的好朋友，因为性格很开朗，所以在相处中扮演了一个搞笑的角色。之前为了让大家觉得开心，我经常会做一些看起来很傻的事情或者故意开一些无伤大雅的玩笑。当朋友们开心地笑时，我也会感到很开心。但现在，却成了我的负担。

我出糗的时候，他们的第一反应不是帮我解围，而是觉得好笑。朋友取笑我的尺度越来越大。这个时候的笑话，我并不觉得好笑。

当我向朋友表示，希望他们以后不要开过分的玩笑时，他们的反应是：我们觉得这样很有趣呀。

你在烦恼什么呢
——跟阿德勒学超越自我

　　我总是在理解别人,但是换来的好像只是理所应当,弄得我自己特别疲惫。

　　慢慢地,我感觉自己离他们越来越远,我不想再拥有那样的友情。

　　后来我的心理老师告诉我,如果你想真正爱一个人,首先要学会爱自己,照顾好自己,不仅是身体上的,还有精神上的。努力过好充实精彩的一天,这是对自己最大的回报。

　　内心强大同时又充满活力,你心里爱的人自然会受到你的这种影响,变得越来越好。

　　同时,也要摆脱那些塑料情缘,适当的断舍离也是一种成长。

　　所以,好好爱自己,努力去做吧!

　　真正的成长是从承担困难,对自己和他人负责开始的。

　　做个接受一切变化,能顺应自然和命运的人,这样我们的内心才是轻松的。

　　如果你曾经被打倒在地,痛不欲生,那么这个完成是彻底的。

　　我们都是在失去控制和调节的过程中逐渐建立起心灵的秩序。这些经历都需要我们自己体会。

　　也许你活着的时候需要穿越一次次风霜雨雪。

　　人这一生命运不同,境遇不同。不管是一帆风顺还是命途多舛，都要走完自己的人生。明天会是什么样子真的很难预测。很多时候，无论你能力非凡还是普通平凡，你能把握的东西都是非常有限的。既然如此，不如珍惜自己所拥有的，活在当下。哪怕你身在井隅，也要心向阳光。你要潇洒自在，把每一天都当成自己的最后一天来过。这样才能不辜负生命和岁月。

想要告诉你们

1.

每个人，随着年纪渐长，内心会越来越清朗，会很清楚地分辨出想要靠近和想要回避的人。

内心有所边界，也有所框限，不再和谁都可以做朋友。

想清楚自己对友情的需求就已经可以淘汰掉很大一部分人，但要重新寻找到合适的人并建立友谊，并不容易。

想要和一个人成为朋友，还意味着需要付出很多的时间和精力。

虽然在忙碌的生活中，不一定能遇到真正的朋友。

但是正是因为友情的珍贵，才让我们变得重要。

成年人的友谊，还需要更多的包容理解。在年少时，我们彼此的接触可能只是某一个固定印象，但随着年龄的增长，我们会在相处中，逐渐看到一个人越来越多的切面，会发现对方身上的很多缺点。

心理学家曾经说过："人是会制造垃圾，会污染自己的动物之一。"

那些有形的杂物很容易清理，但人内心的烦恼、欲望、悲伤、痛苦等无形的杂物就没那么容易清理了。

那些情感垃圾堆积在我们心里，让我们感到压抑。

2.

在某些情况下，我们会因为害怕冲突或者出于一种好人的心态而不自觉地进入一种"讨好他人的模式"，我们违心地行动，或者强迫自己不断地痛苦。这种状态看似维持了友好的形象与和谐的关系，实则回避和压抑了个体的真实感受，长此以往会使自我造成损失。

面对纷繁复杂的人生，只有学会归零，才能勇敢前行。

摆脱那些情绪垃圾，善待自己，活在当下，就是对生活最大的接纳。

你要相信，只要你在某个频道上一直勇敢地走下去，你想要的自然会水到渠成。

我们都有打扫房间的经历。每当我们收拾完房间，看到整齐的书籍、生活用品、衣服,你会发现房间的空间是那么大、那么干净,眼前的一切都显得温暖可爱。

事实上,我们心灵的房间也是如此。

如果不一点一点清理掉污染我们内心的杂质,我们的内心世界就会变得杂乱无章,并使我们目光暗淡,整个人失去活力、失去斗志,最终我们的生活也将一片狼藉。

人的精神容量是有限的,痛苦太多,就挤走了快乐。

有时候我们过度共情别人,容易被自己的情绪所拖累,在得不到他人理解时,会尤其感到失望和伤心。

如果能勤于清理自己的"内心世界",勤于重塑生活秩序,那么我们一定会有"山重水复疑无路,柳暗花明又一村"的一天。

3.

清除我们的精神垃圾,就是以冷静客观的态度面对这些"杂物",并分析其原因。从简单易行的开始,一点一点地清理。

当我们的自我能够处于一种更平和的状态时,就会呈现一个"平和的自我",这样我们就会:

少一些焦虑,保持情绪平和;

多客观地看待自己和他人,少因为外界的反馈而怀疑自己，感到压抑；

能够以平静甚至期待的心态面对挑战和困难，专注于长远目标；

需要集中精神的时候可以完全沉浸其中，需要休息的时候可以完全放松。

积极情绪可以拓宽我们的思维和行动范围。

当我们开心的时候，我们更愿意接受新鲜事物，感知这个世界，一些社会活动会让我们更快乐，形成良性循环。而且这些社会活动会积累成我们的社会资源，让我们的知识储备和经验得到提升，而这些资源会增加我们成功的概率。

让我们的内心变得更加宁静。

"宁静"是一种回顾过去的方式。洗去心里的杂念，时刻了解自己的真实内心。

"宁静的自我"不是与生俱来的，而是可以通过自我发展和成熟获得的。

4.

无效的倾听会降低沟通的质量。无效倾听的一个例子是自恋式倾听。自恋的听众会在别人说话的时候，试图把交流的话题转移到自己的兴趣上，或者把谈话的焦点转回自己身上。比如，当你和一个自恋的听众抱怨你的工作问题时，TA 会开始谈论自己的工作问题，或者说"你工作的地方这么差，我工作的地方更好"，然后开始夸自己的工作。自恋式的倾听会让说话者觉得自己不被尊重，甚至会破坏双方的关系。

在沟通的过程中，对自己的情况保持一些认知，可以帮助你在沟通的过程中更好地管理自己。

你需要注意自己的情绪，防止自己在交流中被情绪牵着鼻子走。如果你突然发现自己的情绪变坏了，你可以问问自己是什么触发了你的情绪反应，这是一个表现情绪的好时机吗？问问自己如果一定要表达情绪，这种情绪的表达是否有利于你们的沟通目标，等等。

我们需要一个安静的自己，保持稳定健康的心态，少一些焦虑，安心走自己的路。

5.

当然，"清理精神垃圾"也不是一朝一夕的事情。童年的经历、日常生活的习惯、周围的环境……都可能在我们心中堆积"杂物"。无论是调整认知，还是养成正念心态，都需要系统学习，长期在生活中实践。只有学会定期清理自己内心的垃圾，让自己的心归零，放下该放的，忘记该忘的，内心才会干净，生活才会更自在、更自信。

我们的情绪往往是复杂的,这就是为什么我们常常"不知道为什么就是高兴不起来"。

基本上所有人际关系中矛盾的产生都是因为没有划清自己和别人的界限。如果把主体分清楚,管好自己的事,不理会别人的干扰,人际关系就会有很大的变化。但是,当我们遇到一些更亲密、更重要的关系时,你会发现"不关你的事"这几个字很难说出口。课题分离也不是将与自己无关的事放任。

6.

一个人对外界的态度会在一生中不断波动。这样的波动会带给我们完全看待事物的能力,让我们不再拘泥于单一的标准,变得灵活机动。

我们渴望与他人建立连接,偶尔遇到同频率的人,或许会有一段快乐难忘的社交时光,但很多人大多数时候都找不到让自己和他人都特别舒服的社交方式。

当你在友谊中感到被贬低和沮丧时,请相信你的感觉,不要把问题揽到自己身上,远离虚假的友谊。

生活中总有一些这样的朋友,打着"对你好"的旗号给你指示判断,让你对自己充满怀疑,越来越不自信。

真正的朋友应该是可以一起欢笑一起哭泣,在困难时互相帮助，一起解决问题的伙伴。

如果在做朋友的时候，你对对方没有付出一颗心，总是把对方的付出当成理所当然，那么所谓的友谊只是你向对方索取的一张收据，两个人的关系只是一个泡沫。

7.
一个真正的朋友永远不会让你失望。他会站在你的角度为你着想，会因为你难过而难过，而不是在你展翅高飞的时候调侃你、在你孤独的时候说些冷嘲热讽的话。

建立人格弹性可以在处理已经发生的事情时减少压力，有效调节情绪，减少焦虑和抑郁，同时让你建立更好的人际关系。

对他人的信任必须建立在自我接纳的基础上，正是因为你接受了自己，你才能接受别人。接纳别人的态度本身就意味着一种真诚的善意。

别人一旦收到这种善意，就会产生"合作共赢"的倾向。因此，接纳首先是从善意接受开始，然后进入互惠合作的过程，最后以"信任依赖"结束。

对方的信任往往是在"良性合作共赢"的机制下深度推动的结果。

社群思维的最高境界：他人的贡献。他人贡献背后的奉献，已经超越了"信任他人"层面对"合作共赢"的追求，而走向了"集体利益最大化"的目标。

相信我们可以选择自己的生活。当世界和他人带来的并不是善意时，我们仍然有权利选择是否应该采取积极的态度去应对。

真正地爱自己，是在收到内心拒绝的信号后，能够果断行动。难受的时候说不，痛苦的时候及时抽离。你不仅会主动感知自己的感受，还会去关心自己，让自己回归健康的状态。

你是否也经历过"压垮情绪"的"错误感知"?

TA说

我从来都不是一个勇敢的人。但是这些年,我一直想要成为一个非常勇敢的人。

我是一个内心极度自卑的人,做任何事情都害怕。

好像总想逃避,对任何事都缺乏勇气。

小时候,我害怕说话,害怕回答问题,害怕上学。

每天闹钟一响就觉得沮丧,心里很沉重,每天都提心吊胆。

后来,我考上了大学,但是依旧是一个无趣懦弱的人。

不敢与人交流，不敢参加社团，怕自己不行，怕做错，怕同学笑话。

我从小就讨厌自己的一切，一直想改变，但是从来没有真正改变过，因为从来没有进行尝试，每次都是在心里放弃。

就在我觉得人生就是这样子的时候，大学的一节选修美术课改变了我。

老师用画笔画下了一整片向日葵，对我们说："你们在最好的年纪，什么都不要怕，那种有勇气面对一切的感觉真的很强大，会让你轻松愉快，没有焦虑和迷茫。"

从那以后，受到触动的我尝试着从束缚中解脱出来。

每时每刻都在鼓起勇气面对这个我自认为的"世界和我"。勇敢做出选择，大胆表达。

开始不断突破自己，每天去图书馆学习，和陌生的同学打招呼、聊天，努力表达自己的想法，交朋友。

后来毕业了，在一家宠物店工作，虽然家人和周围的亲戚都认为那是一份很没有保障的工作，但是我喜欢和小动物相处的感觉，整个人的状态也越来越放松，感受到越来越多的快乐。

生活不是只有一种定义，只要你有勇气去尝试，去突破改变，不放弃，你就会得到你想要的！

Part 2　勇于面对——个体自由与整体归属感

其实突破点就在你勇于去做的那一刻。在生活中，我们需要一些勇气去改变自己，当你做了自己一直以来不敢做的事情，你会发现其实并没有那么难。

做一件事并不难，但是我们内心的恐惧会阻挡我们前行。有些事，还没去做就认为不可能实现，而这些不可能只存在于人们的想象中。

我们要做的是不被表面的困难吓倒，无论是在漫长的人生中，还是在日常生活中，如果你有梦想、有想做的事、有想选择的人，就不要害怕。鼓起勇气，行动起来，坚持下去，就真的可以做到。

哪怕打不败那么多的小怪兽，也依旧是自己的英雄。

想要告诉你们

1.

很多人都有负面情绪，不够爱自己。从根本上说，他们形成了"我不够好""我不值得被爱"的认识，或者说他们对爱自己有一种根深蒂固的误解。这些都是"错误认知"。

调整这些认知是爱自己必不可少的过程。

我们要认识到，自己的价值不取决于任何行为，也不取决于别人的评价。

接受自己的局限并不意味着放弃改变和自我提升。我们可以根据自己对这种局限的认识进行自我调整，并设定一个可及的合理目标，这样能够取得更温和可靠的进步，不会因为无法实现一些不切实际的目标而受挫并自我怀疑。

一个回避和忽视自己缺点的人，会不断重复同样的错误；一个不能与过去和解的人，只会活在自我惩罚中。在与缺点纠结的过程中，其自身的发展也受到了阻碍。爱自己，就是一个人能客观面对自己的缺点和不足，不轻易否定自己的价值，也不回避现实问题；我不介意谈论和整理过去，但我不失去对未来的期待和信心。

人生就像跳舞和旅行，每一刻都是完成，过程才是目的，只要你快乐而充实。

2.

要粉碎情绪，我们需要知道"自我意识"这个概念。

心理学家指出，自我意识是一种"非常强烈地感受到自己的存在"的状态，是一种不舒服的感觉。感觉自己的一举一动似乎一直被"注视着"，人群中"每个人似乎都在看着"自己——这些都是"自我意识"的表现。

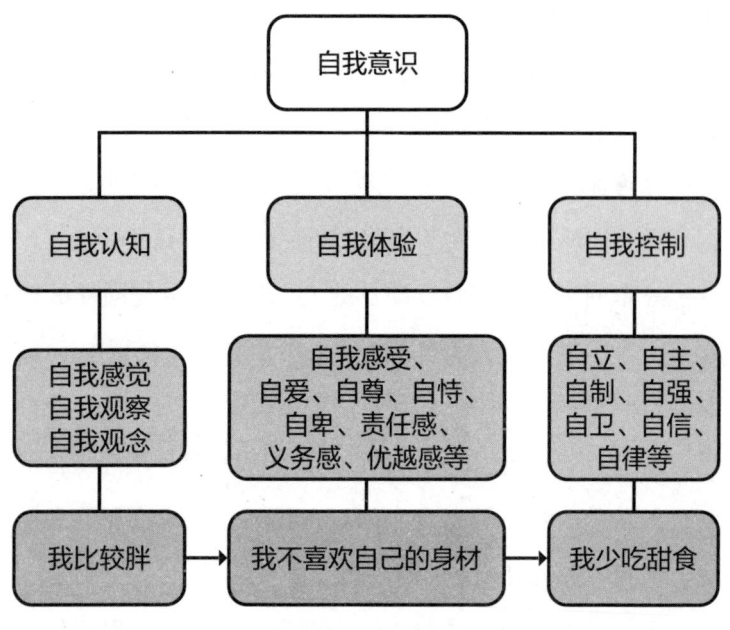

```
                    自我意识
         ┌─────────────┼─────────────┐
      自我认知        自我体验        自我控制
         │             │              │
      自我感觉      自我感受、      自立、自主、
      自我观察    自爱、自尊、自恃、  自制、自强、
      自我观念    自卑、责任感、    自卫、自信、
                 义务感、优越感等    自律等
         │             │              │
      我比较胖  →  我不喜欢自己的身材  →  我少吃甜食
```

图2-3　自我意识

每个人都有不同程度的"自我意识",有的人强,有的人弱。"自我意识"弱的人更容易达到"忘我"的状态,能在别人面前表现得很无私。"自我意识"强的人相对更舍不得放手,更谨慎,更容易把外界发生的事情归结到自己身上,更容易使自己的情绪变得敏感。

我们生活中的一些方式,不仅关系到我们是否快乐,也关系到别人的评价。

当他人在说话的时候,自我意识强的人可能会怀疑他们是在说自己。同时，自我意识强的人会非常在意自己是否给别人留下了好印象，所以此类人会非常在意别人的看法，担心自己在日常生活中呈现的状态。

3.

被别人关注和认可是每个人的基本需求，也正因为如此，我们才有不被别人喜欢的烦恼。但在现实生活中，这种担心被无形中放大了。人开始越来越渴望外界的认可，也因此而招致很多"负面情绪"，而这正是我们需要纠正的。

错误的感知就像一个放大镜。在它的照射下，我们的平凡生活变成了一种夸张的表现形式，我们大量关注别人对自己的反应和反馈，为此消耗大量精力，身心俱疲。非但如此，我们会越来越难以在别人面前轻松准确地表达自己，因为我们害怕自己的想法会被评判。每当我们面对社交时，我们感受到的压力是成倍增加的。

我们应尽量做那些能充分发挥个人价值和优势的快乐活动。

这种活动通常是创造性的，需要更多的思考和努力。这种活动比享乐活动更能带来持久的人生意义感和幸福感。

多接触他人，走进现实世界。当我们的身体不被禁锢在一个大环境中的时候，我们的思想可能还没有完全"私有化"，所以这个时候亲近外界会是一个不错的选择。我们可以从真实的外界中获得真正的归属感和联系感，从而激发我们对生活的热爱，提升我们的幸福感和满足感。

打开神秘的黑盒子，
解锁爱自己的正确方式

TA说

我是以高考状元的身份考上大学的，梦想着一直读到博士。

当我还是个孩子的时候，我就非常喜欢读书。父亲每次回来都会给我带些书。

那时候最开心的事就是从父亲的包里翻出书来读，那种感觉就像是一个阳光明媚的午后，阳光照在树叶上。

我一般一个下午和晚上就能看完一本书。

如果晚上没看完，第二天醒来就会拿起枕头上的书继续看。

像做梦一样，那些场景仿佛发生在昨天。

你在烦恼什么呢
——跟阿德勒学超越自我

一切都很顺利,直到我读大二的时候,父亲被查出癌症,家里的所有积蓄都被用来给父亲治病。

看着妈妈整天以泪洗面,我无心学习,变得颓废消极。

没过多久,我的父亲还是去世了。未来好像一下子崩塌了,我选择了退学。

走上社会,找了一份不需要学历的工作。

很长一段时间,我都会避免想起小时候。

我总是在自我暗示,我是一个不幸的人,好像不去回忆,就不会那么悲伤。

我更愿意把童年和现在的自己区分开,仿佛我从来都没有幸福过。

每次回家,妈妈都说我太瘦了,要多运动,但其实我心里想的是人生就这样随波逐流吧。

"未来"这个词对于我来说更多的是没有光明的绝望。

我从来不知道自己是想释怀还是一直无奈。

像是一个在阳光下生长的孩子掉入了黑暗的深渊。

那些年,我做过服务员、销售员,送过外卖,有时候会觉得很委屈,尤其是在看到以前同学的朋友圈动态时。我常常觉得如果那个变故没有发生的话,我的生活会跟现在不一样。

妈妈总是很愧疚,她觉得都是因为生活的变故让我陷入低谷。

但是后来我明白，人只要努力，在任何一条路上都能发光发热。现在只是换个方向。

我不再和以前的同学比较，开始探索好好生活的方法。虽然我的社交时钟早已偏离同龄人，但事实证明，只要我不放弃，不断鼓励自己，我就会迎来崭新的、充满希望的生活。

现在，我和妈妈生活在一起，通过自考取得学历，拥有了一份可以称为事业的工作。生活中总会遇到突如其来的变故，但也正是那些经历，让我们变得更坚强。

我感谢曾经的自己。

想要 告 诉你们

1.

人生的意义是什么？阿德勒说："我们要有接受平凡的勇气。"平凡是一个没有标准的毫无意义的定义，大多数人就是这样既"平凡"又"不平凡"的。有接受平凡的勇气，就是要清楚地认识到平凡的虚无，不再考虑平凡或不平凡，用心去追求生活中某种确定的、真实的幸福。

把自己作为一个整体形象来看，从纵向和横向两个层面了解自己的整个人生历程。

在"看见"自己之后，你必须学会接纳自己。你自己赶走过甚至排斥过的东西，都是你学习爱自己的障碍。对抗负面情绪只会制造更多的痛苦。

你能逐渐做到自主的前提是，你不再抗拒自己的缺点和情绪，批判性地、客观地反思。坚定是爱自己很重要的一环。当外界环境的各种评论都在身边干扰你的时候，你需要追溯到自己的原点，这样才不会轻易动摇和迷失。可以说，自我决定是我们抵御人际风险和关系伤害的武器，也是积极改善和追求更幸福生活的动力源泉。

只有为自己负责，你才有勇气面对生活的所有可能，不断地探索和成长。

2.

其实爱自己的意义不仅仅是让自己感到快乐和幸福。

更重要的是，当我们不再担心别人的看法，能够认真对待生活、做对自己最有利的事情时，我们也就获得了真正的自由。事实上，我们应该努力创造一个又一个值得拥有的时刻，让那些快乐的小事变得珍贵。

这个世界上有很多美好的东西等着你去发现、去爱。

在此之前，我们应该学会爱自己。

爱自己首先来自我们对自己的感觉，来自我们对自己身体的感觉。身体的状态不仅关系到我们如何看待自己，还会影响我们的自尊和自我形象。

当我们管理好自己的日常生活，生活在与自己性格相匹配的环境中，幸福感会明显增强，这也是自我照顾和接纳的开始。

3.

爱自己的人有能力接受过去犯下的错误，不会否认过去，也不会沉溺于自我后悔或自我惩罚。TA 可以正视自己的缺点和错误，客观看待这些事情在你人生中的意义，从中吸取教训，不断调整自己，避免重蹈覆辙，从而得到提升和成长。

我们需要允许自己"失望"和"无能为力"，因为世事多变，有些事情尽全力也不一定能做到。这并不是说让我们就此"躺平"，呈现出一种低能量的压抑状态。而是从另一个角度，让自己放松减压，用一种更温柔、更有同理心的方式去对待一切的好与坏，从而变得积极向上，让自己拥抱更多的美好。

一个爱自己的人有能力对自己的思想、选择和行为负责。因为 TA 知道如何关心自己的感受，所以 TA 可以远离让自己痛苦的人和事，从生活中去除有害的关系。

当一个人真正爱自己的时候，TA 不再追求做一个"更好的自己"，而是明白如何做一个"更好的自己"。所以，"爱自己"应该是一个整合，既包括对真实自我的接受，也包括对理想自我的追求。

4.

很多时候，在遇到困难的时候，我们会感到消沉。在某些情况下，我们因为害怕痛苦，或者出于自暴自弃的心理，而做出违背自己意愿的行为。这种状态看似维持了自己和社会的关系，实则回避和压抑了个体的真实感受，长此以往会对自我造成压抑。

真正爱自己，是在收到内心拒绝的信号后，能够果断行动。在难受的时候敢于说不，会主动感知自己的感受，在痛苦的时候及时抽离，懂得关心和照顾自己的情绪。

我很喜欢一句话：自由从来不意味着"做一件好事"，而是做自己喜欢的事，不管结果如何。如果你从来不做自己想做的事，如果你只能做对结果有利的事，那么你从来没有自由过。

5.

我们需要学会和那些与自己有真实联系的人相处，找到身边那些能够让我们舒服地暴露自己、愿意满足我们灵魂的人，在与人交往的过程中建立健康的人际边界。

自我意识很重要。如果一个人连自己到底是什么都不知道，那么他的任何一个行为以及行为带来的结果都很难引发其对自己的关爱。

当我们周围的人不仅能理解我们的脆弱和无助，还能给我们独立成长的空间时，我们就能从他们身上看到我们值得被爱的地方。这些爱我们的人可以教会我们如何自立、如何爱自己。

一个热爱生活、内心丰富的人，对世界的态度是开放的，愿意敞开心扉接受世界的多样性。

6.

为我们的生活找到一个意义。正如阿德勒所说，"生命的意义是我们自己赋予的"。这一刻对于无数的人来说会有无数的意义，每一刻都会给我们带来心流的体验。

对自己真诚。明天不一定会更好，但你还有机会让它比过去更好。

只有对自己负责，做自己人生的主人，你才有勇气面对生活的一切可能，不断探索和成长，真正感受自我价值，获得真正的幸福。

当我们学会真正爱自己的时候，你会发现，这一刻是你的全部，这世界上每分每秒都会陪在你身边的只有一个人，那就是你自己。

在当下，努力做自己喜欢做的事，开心点，充满力量。

要好好爱自己。

让每一天都以我们喜欢的方式度过。

Part 3

勇于被讨厌——做自己的主人

只要能真诚地面对自己和他人,我们就能更容易地接纳自己。哪怕我们会被人讨厌,哪怕是一腔孤勇,也要勇敢做自己。每一次经历,都是我们的必修课,不必满足所有人的期待。喜欢真实的自己,才是变好的开始。

不要被拽进
emo 的黑洞

TA说

小时候父亲酗酒,经常在喝醉的时候和我妈妈吵架。

这样的生活环境让我不得不变得特别独立。

年轻的时候,我的生活过得糟糕混乱,但也轰轰烈烈,无所畏惧。

现在想来那些日子真是无知者无畏,每天只是为了生存而苦苦挣扎。

由于生活没有任何规划,一直盲目地活着。

结婚后,我太过强势,始终无法处理好自己和老公的关系。

31岁的时候选择离婚,回归到自己一个人的生活。

Part 3　勇于被讨厌——做自己的主人

其实在那之前我纠结了很久,我想离婚,但我习惯了妥协。做出这个决定后,我的脑海里充满了我将面临的障碍,茫然无措。

然后我意识到,我要重启的可能不仅仅是我的婚姻生活,还有我今后的生活方式。

我开始认真工作,变得自律,学会了面对困难和照顾自己。

离婚后,我没有和父母住在一起,而是一个人租房子,真正过上了和过去完全不同的生活。

父母的年龄大了,父亲和母亲的关系也彻底改善。

虽然现在生活中还是有焦虑,但是心里的恐惧在慢慢消散,新的力量在增长,希望、爱和美好不断平静地从心中升起。

时间慢下来后,没有了过去的迷茫,有的只是一颗想好好生活的心。

我开始学习养生,生活规律,早起早睡,冥想静坐。

有人说我孤僻,也有人觉得我年纪轻轻就这样太没意思。

我只是觉得每个人都有选择自己生活方式和生活节奏的权利。

不需要总是去追赶别人的脚步。未来很长。有人跑步,有人选择慢走。

其实，和二字头时候的自己相比，三十多岁的人更难重新开始。因为三十多岁的人在思维和行为上会有惯性，继续以前的模式很容易，但打破它特别困难。然而这也意味着，一旦打破，人就会彻底地蜕变。

今年，突然想晨练。每天早上 6：00 出发去公园，压腿，拉伸肌肉，练姿势。和认识或不认识的人一起练八段锦，笨拙地学习每一个动作，感受凉风、鸟鸣、清晨的空气……

这样的坚持和呼吸，哪怕是一个人，也是快乐的。

只要你对生活抱有希望，坚定不移地坚持，过去的苦难就会在未来绽放出灿烂的花朵。

周末下午我走到公园，一只孔雀拍打着华丽的翅膀炫耀，另一只孔雀在晒太阳。

有风吹过，一切都豁然开朗。

想要告诉你们

1.

当一个人无法获得自我认同时，就只能寻求他人的认同，并在他人认同的基础上建立自我价值感，这会使 TA 的自我价值感非常不稳定。

有时候，我们会陷入深深的厌倦，不自觉地产生自我怀疑。

外界的否定会导致强烈的挫败感，人往往会经历"我不如别人"的羞耻和"感觉不好"的内疚，滋生自卑和自我厌恶，只看到自己消极的部分，而忽略了自己的优点和成就，无法真正认可和喜欢自己。

在苛刻的自我批判和否定中，人们会不断地把自己与一个"更好的人"或一个想象中的"更好的自己"相比较。

当人们怀疑自己时，常会采取一种不良的应对方式，即"冒充者综合征"。人们往往认为自己的成就取决于其他的东西，比如运气，而不是自己的能力，觉得自己配不上所获得的赞美或成就。

2.

想要战胜 emo，需要建立对自己的真实认识和自信，以及对自己能力边界的准确认知。

我们都曾在生活中感到焦虑、压抑、被束缚，陷入困境，觉得自己戴上了无法摆脱的枷锁。但正是这些让人透不过气来的时刻，让我们感受到胸腔里心脏的跳动，感受到生活本身对自由、稳定和幸福的渴望。

一个人的外在条件和内在性格是分不开的。只有先找到真正的自己，与内在和外在的自己达成和解，才能真正接受别人的爱。

有时候，你可以从朋友那里获得一些能量，就像降温的时候抱团取暖一样。当你感到"消极低落"时，亲近让你感受到正能量的人、事、活动，能让你感受到生命的能量。

好好休息可以保持心理资源的循环。一项研究表明，高强度的认知工作持续数小时，就会导致大脑前额叶皮层中潜在的有毒副产品的积累。这意味着当你感到疲劳时，你需要停止思考，让大脑放松休息，而娱乐活动可以帮助我们放松心情，抵御压力带来的负面影响。

3.

真正走出 emo，还是需要找到自己的力量，而所有的力量只会来自自己。

我们应该坚持自己选择的生活方式。

很多人在面临选择做出一个不可挽回的决定后，会触发一种心理免疫机制，使自己更倾向于收集积极的信息来主动"说服"自己这样的选择是自己想要的。

但是，当你有能力改变自己的选择时，你会感到无所适从，不知道自己现在的生活是不是自己真正想要的，从而导致很多烦恼。

也许很多人会认为抑郁情绪是一种自我限制。其实局限作为一种能力的边界是中性的。了解自己的局限，可以帮助我们扩大对世界的认识，并在一定范围内保护自己，不对自己有不合理的期望和要求。

所以 emo 的过程其实会遇到很多挣扎和痛苦。但这是人生的必修课，因为只有明白自己的局限，才能心甘情愿地放下掌控人生的欲望，更加平和地接受改变，积极地看待未知的明天。

每当我们遇到一种新奇的、令人不适甚至是震惊的新体验时，它都会促使我们调整自己的认知系统，以便更好地理解新体验。

这个调整过程虽然痛苦，但却是一个重新认识世界、重新认识自己、重新定位自己与世界关系的过程。

4.

怎样才能让人觉得自己有价值呢？

"只有当人们意识到我对共同体有用时，他们才能感受到价值。"通过服务他人，意识到"我对他人有用"，从而感受到自我价值。"有用"与否不需要别人评价，这是一种我能为别人做贡献的主观感受，或者说"贡献感"。

要建立社群感，需要把"对自己的执着"变成"对他人的关心"。

找到一种与世界愉快相处的方式，慢慢地，我们就有能力为自己建立一个精神安全区。

把我们的生活当成一部电影，对事物的积极归因和积极叙述，可以潜移默化地为我们塑造一个充满生机和希望的世界。生命是有无限可能的，所以要想抓住那些珍贵的瞬间，就要抓住心中升起的力量和勇气。

如果你只追求快乐的结果，你很可能会遭遇失望。

但是当你完全拥抱自己和身边的人时，幸福就是一种自然会被感受到的状态。

我们要相信自己的能量，相信自己可以离幸福更近。

健康关系的前提，
是尊重自己

TA说

我长达 7 年的异地恋爱长跑好像终于要走到头了。

归属不是结婚，而是结束。

一段不好的感情，就是在小事上不断消耗对方。

明明是无意的、被忽略的过错，却能成为被对方反复提及的痛点。

一些无关紧要的事情，就成了让自己疲惫不堪的理由。

这样的相处让彼此精疲力尽。

让我渐渐地觉得他变了，我也变了。

于是我决定放手。

开始关注自己，不再患得患失。

你在烦恼什么呢
——跟阿德勒学超越自我

总是在小事上不断消耗对方	总觉得自己做得不够好
人生不可预测，但方向是自己选择的	我们都在不断自我修复
建立一个合适的精神边界	好好生活，告诉自己值得

我们相处的时候，总觉得自己做得不够好。

以前的我们都以为，有情饮水饱。然而，现实给我们上了一课。生活有时候是那么残忍，又那么一针见血。

让我们在一次次的经历中看清自己、看清自己真正需要的是什么。

曾经我花了很多年从小城市走到大城市，以为自己会跟得上他的脚步。但和他分手后我毅然选择回到父母身边，回到小城市过简单的生活。

人生总是不可预测的，但方向是自己选择的，无论哪种生活方式，我都不想辜负自己。

有时候，甚至有一段时间，我是迷茫的，被否定，被批评，认为自己是他的拖累。

回到家乡之后，随着时间的推移，在与人、与外界的关系中不断自我修复，我慢慢觉得之前经历的一切都像是一场梦。而我们真的应该好好生活，告诉自己值得。

想要 告 诉你们

1.

阿德勒把人在成长过程中面临的人际关系分为三大课

题：工作课题、交友课题、恋爱课题——这些都是人生课题。

我们长大后会遇到各种关系，小时候需要依靠父母生存。当你长大了，独立了，你也会建立各种人际关系。

阿德勒要我们挣脱的第二个束缚是人际关系，宣称一切烦恼都来自人际关系。

我们往往在一段关系中过于强调"我们"，而忽略了"我"的需求，关系中一方的边界被不断挤压，导致"自我弱化"——自我会逐渐失去力量。我们在生活中见过界限被挤压的人，似乎他们只能通过依附或取悦他人来获得自我价值。

人际关系会导致竞争、嫉妒和自我厌恶，所以有时候你会觉得累。你越是削弱自己，关系中的其他人就越有主动权，你的边界就会被进一步挤压，话语权就会越少。如果不能独处，离开对方后你会感到不安。这是一种依赖的关系，而不是自立自爱的关系。

2.

心理研究指出，很多时候我们觉得得不到别人的尊重，就是因为我们没有做到尊重自己。研究者将自尊分为三个部分：作为人的认可，对社会地位的认可以及对自己的评价性尊重。其中最重要的,就是对自己的评价性尊重。换句话说,你对自己的满意程度决定了你对自己的尊重程度。

很多人对自己不满意,充满自卑,这是因为他们总是用更严格的标准来衡量自己。所以在与人相处的过程中,就会遇到问题。

然而,改变自己习惯的方式需要很大的"勇气",需要面对改变带来的"不安"和"不满"。有些人不幸不是因为过去或环境,更不是因为能力不足,而是因为缺乏"勇气"。

这需要我们对自己有一个正确的认识。真正好的关系不是不会有矛盾,而是能积极有效地处理所出现的矛盾。当冲突发生时,互相尊重的人可以采取积极的互动模式——即使发生争执,也可以坦诚地表达自己,在冲突发生后找到正确的解决方法。

3.

事实上,相互尊重应该是所有社会活动的基础,我们应该平等地尊重每一个人,并得到同样的尊重。

如果人与人之间能够建立起真诚的、相互尊重的关系,那么由此引发的沟通困扰和人际问题就会消失。

找到一个适合自己的社会标准,提高自己对自己的满意度,不仅能让自己更加尊重自己,还能逐渐赢得别人的尊重，与别人建立更好的联系。

学会倾听可以打开彼此的心扉，建立起一种相互尊重和信任的关系。

在更健康的人际关系中，人们会在精神上有一种默契，能够一起讨论彼此困惑的问题，给自己带来深刻的启发、思考和共鸣，在精神上共同成长。

心灵共鸣是一种快乐美好的体验。我们每个人都渴望被理解、被看到。如果你能与他人建立起精神上的联系，你就会感受到相互尊重的喜悦。

我们都是普通人，
应该有被讨厌的勇气

TA说

那个七月的一天，瓦蓝的天空没有一丝云彩，火热的太阳炙烤着大地。

我在迪士尼门前排队的时候，被旁边的人踩了一脚，新买的凉拖瞬间遭殃了。

在热度的炙烤下，好像凉拖等这个瞬间已经等了许久，仅仅一秒钟的时间，它便判若两鞋，解锁了自己的最新造型。

我蹲下来准备拿起凉拖看看的同时，又听见身上的紧身裙发出轻微的但是很清脆的开线声，"刺啦"……

我一只手提着凉拖，一只手捂着屁股。

那一刻，我尴尬得恨不得找个地缝钻进去。

你在烦恼什么呢
——跟阿德勒学超越自我

本来想在迪士尼看看灰姑娘,结果自己变成了灰姑娘丢了的那一只鞋。

我匆忙逃离了现场。当时的我忘记了自己为这次迪士尼之行做了多少准备。

使我丢人的,或许正是廉价的凉拖和廉价的裙子。有些廉价的东西总是不堪一击,就像我那贫瘠的童年。

每次想到自己的童年,自己的心总是空洞洞的。

我的父母在我7岁时离了婚,之后我一直和外婆生活。

上小学时,别的小朋友都背着新书包,只有我背着外婆缝的大布兜子。

好像从小到大,别的女孩都像是盛开的鲜花,我更像是随处飘摇的蒲公英,把自己丢人的瞬间到处飘洒。

我记得小时候曾不止一次地被小伙伴嘲笑是没人要的孩子。

从那个时候起,我的人生就充斥着自卑与害怕。

我和同学在一起的时候,总是怕他们不开心,什么事情都让着别人。

上下学的路上,尤其是晚上走夜路,即使我害怕一个人,也只能摸摸书包上的那朵向日葵,给自己一点力量。

我从来不敢把自己的想法告诉别人,害怕没人回应。

害怕过节,别人家都是热热闹闹的,而我总是孤孤单单。

大学的时候我边打工边上学，赚来的钱勉强够自己交学费。

攒钱就是当时的我唯一的心愿。

因为卑微，因为知道生活的艰辛，所以每当有好事降临的时候，第一时间总会问自己，我真的配拥有这些吗？

这些年我恐惧过、迷茫过、失落过，这所有的一切都是自己一个人在慢慢消化，因为不知道可以跟谁说，只能与自己和解。

现在的我依旧很辛苦，但是通过这些年的努力和积累，我有了更多关于未来的期待，我希望将来遇到一个对的人，有一个温暖的家，养一只猫和一只狗，能够过自己喜欢的生活。

我接受生活给我的一切磨难和考验，因为，哪怕是一朵小小的向日葵，永远接触不到太阳，在黑暗中也努力向往着月亮的光，活出生命的坚韧。

你在烦恼什么呢
——跟阿德勒学超越自我

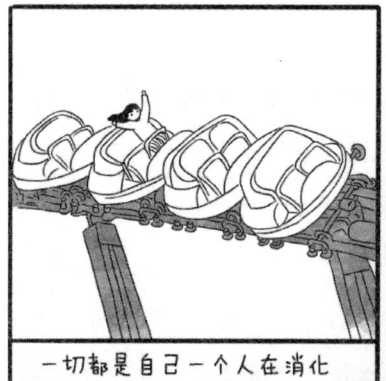

自己破碎的童年	总是担心没人回应
一切都是自己一个人在消化	不怕被讨厌的人会更自在
有了更多关于未来的期待	黑暗中也努力向往着月亮的光

想要 告 诉你们

1.

也许是因为太害怕被别人讨厌,人总是先讨厌自己,觉得这样的话在批评来的时候就不会那么尴尬。目的论认为,讨厌自己的目的是"避免在人际关系中受到伤害"。人越是害怕受伤,就越会通过自我排斥来逃避人际关系。

阿德勒还直接指出,自卑感完全是源于我们错误地评价自我价值。我们无法轻易改变现实,但我们可以通过主观诠释来改变对自我价值的判断。

影响我们幸福的因素往往在于自我怀疑和否定。太胖,太丑,太蠢,内向,没经验,出身不好……一旦沉浸在这些情绪中,人往往会失去生活的动力,甚至失去追求幸福的勇气。

在成长的过程中,我们每个人都或多或少会因为别人的言行或自我认知而感到受伤、迷茫甚至自我怀疑。

但我们的人生其实是一个不断学习和适应的过程,我们需要自我适应及适应外界。

在自我探索和努力中,我们会有很多犹豫和痛苦,会不断经历高低起伏,也会纠结于痛苦的回忆。

2.

在自愈的过程中，很多人回忆自己的经历，感觉自卑是造成自己不幸的最大原因。

自卑来自"比较"。一定程度的自卑感可以促进人进步，但自卑情结则是有害的，有这种情结的人会把自卑当成止步不前的挡箭牌。

一个人不喜欢自己的时候，会担心别人也讨厌他。一个人越是讨厌自己，就越会在心里否定自己，而越是把自我否定投射到别人身上，就越觉得别人会这样对待你。

所有刻意讨好别人的人，本质上都是在压抑自己。只有深深喜欢和欣赏自己的人、对自我价值有坚定认识的人，才不会害怕被讨厌。越是不怕被讨厌的人，活得越漂亮、越肆意，自我认同感越高。

3.

阿德勒认为，健全的自卑感来自和"理想自我"的比较，我们的自信应该来自不断地超越自我，只要超越了过去的自己，都值得骄傲。他主张不要把人生看成是和他人的比赛，大家走在同一个水平面上，有的人走在前面，有的人留在后面，大家都在前进，都在追求卓越。

有个姑娘说："我其实有两面性，一面是坚强、乐观、开朗、活泼,这是展示在大家面前的我;另一面则是懦弱、自卑、喜欢逃避。为了迎合别人,我总是站在他人的角度考虑问题,特别在乎别人的看法,别人做错了都先从自己身上找问题,别人随便一句话都会使我惴惴不安很久。"

每个人都希望得到别人的喜欢和认可。在这里,"不想被讨厌"可能是我们自己的课题,但是"你是否讨厌我"是别人的课题,所以要学会"课题分离"。就算有人不喜欢我们,我们也不能干涉,因为那是他的课题。"你恨我,这与我无关。你到底喜不喜欢我,我也不在乎。"有了这种坦然的心态,人际关系就会轻松很多。

4.

只有接受自己的一切,你才能更开放地去了解一切。这意味着我们可以尝试接受所有的可能性,看到不同的创造力和创新,这样我们也许就能更好地接受不确定性,做出更好的选择。

超越自己,就是要学会对自己负责。

可以尝试将自己的目标或成长意图公之于众,通过直接的行动来跟进和完成目标,让自己更加自律。

虽然这个剥离过程总是一波三折,沉甸甸的,但毕竟有它自己的意义。即使现在看起来只能向前迈一小步,但当我们有一天回头看的时候，会发现那可能是至关重要的一步。

最重要的是，你会在付出的过程中逐渐学会表达爱意，学会考虑对方的喜好和共情感受。你会发现，你的"爱的能力"是一种不变的"内在资源"，不会因为"主动付出"而减少。

换句话说，独立但不孤独的人最懂得爱。因为他们对人对事的奉献并不吝啬，他们能让那些自己在乎的东西真正走进自己的内心，不抗拒连接的建立。相对而言，这些人也能从自己所爱的人、事、物中收获良多，保持积极的成长和改变。

5.
我们要学会摆脱外界对我们情绪的控制，活得更轻松自由，不被别人定义，忠于自己的内心，这可能会导致不理解、指责甚至厌恶，但我们可以获得真正的自由。

当快乐也得到了满足，我们才能更进一步去寻找人生的意义。

比如努力扩大自己优势的影响力，为更多人带去力量，为他人做点贡献。

我们可以尝试拥抱这个世界的未知和不确定，在不断的挑战和尝试中找到新的意义。

虽然你减肥成功，恋爱了，结婚了，有了一份很好的工作，但是得到这些并不一定会让你受欢迎或者感到优秀，也不一定会让你的生活永远幸福。

生活还是会有源源不断的问题等着你去解决，不过没关系。因为你会在一次次的挫折中成长，有能力解决这些问题。这种能力是支撑你在各方面取得"成功"的源泉。

只有把自己投入喜欢的事情中，人才能更真实地感受自己的情绪，从而找到自己的人生目标和意义。

尽管犯错不完美，自己仍是有价值的个体

TA说

每次回想我的学生时代，都觉得是一片空白。

我是在"别人家孩子"的压力下长大的。别人家的父母在外总喜欢夸孩子，我妈妈从来不会夸我，但是听到什么都会来找我抱怨。

我们总是为这些事情争吵。她在饭桌上说谁谁谁家的孩子考了第一名，说谁谁谁的亲戚挣了大钱，说我没有上进心，说她以后一定指望不上我……

回忆起来，从小到大我好像从来没有得到过妈妈的任何表扬，不管我做得好还是不好。

这种长期的否定，让我一直怀疑自己。

我真的做得足够好吗？我能做得更好吗？

这些想法经常困扰着我。即使我知道妈妈说得不对，我不应该完全听她的，但我还是忍不住因为她的话而生气和愤怒，一直想证明我的优秀。

但是慢慢地我觉得自己变得越来越胆小，成为躲在角落里的小孩。这是我不得不承认的事实。

有时候我会想，我都这么大了，为什么会越来越害怕身边的人际关系呢？

我把自己封闭起来，做得最多的事情就是阅读，那是让我觉得特别开心的事情。

读过一些书之后，我努力与世界和平相处，做一些自己没有尝试过的事情。我发现，通过阅读，我开始了解自己的痛苦源于无能，我确信自己无知、狭隘、偏见与黑暗。

大学毕业后，我的自我怀疑开始改善。

一方面，我在远离家乡的地方工作，完全独立。离家的距离和经济的独立可以保证我的大部分生活完全在我的掌控之中。

另一方面，在成长的过程中，我接触到不同的人，得到不同人的各种反馈。我知道在大多数人眼里我已经足够优秀了。妈妈的标准不再是唯一的标准，得到妈妈的认可也不是成功的象征。

你在烦恼什么呢
——跟阿德勒学超越自我

现在有时候还是会和妈妈争论，有时候还不够自信。我知道原生家庭对自己的影响很大，但至少我在自己想走的路上努力着。

毕竟人生有很多解决问题的办法，我们还是要对自己的人生负责，坚持走自己的路。

原来，痛苦中会长出花朵——这也很酷。

想要 告 诉你们

1.

你的存在本身就是有价值的。阿德勒说："只有当我们认为自己有价值时，我们才能有勇气。"这种勇气，让人选择积极努力，不惧怕可能的失败。

只有清楚"失败"并不会带走我们的"价值"，我们才有这个勇气。

如果原生家庭过度保护、强势，可能会导致孩子缺乏自我认同，影响孩子对自我价值的判断。每一段人生经历的总结，取决于这个人当时对事物的主观判断，其基础是这个人的信仰体系。

在成长过程中，原生家庭往往影响我们"自我概念"的形成。一个人的自我价值是在 TA 出生后的整个成长过程中，通过总结和积累日常生活经验而发展起来的。

有些人在生活中很果断，可以快速地做出自己想要的选择。但有些人自我价值感较弱，做决定时更依赖他人的建议和世俗观念，更易受外界影响。

缺乏自我价值意味着缺乏自信、自爱和自尊。这样表现出来的行为模式是，一个人容易不断地贬低自己、限制自己、讨厌自己或者对自己采取消极的态度，但这样做的结果是个人能量会不断地消散和减弱，成功的概率也会越来越小。

在成长的过程中，我们听到过很多道理，但即使听过那么多道理，我们也依然不能好好生活，因为知道一个道理和真正理解它是两个完全不同的概念。这条人生路需要我们自己走。有些道理，只有我们亲身经历过，才能转化为经验，成为我们一生的受益。

我们不可能用躺平的态度，得到我们想要的东西。

2.

一个否定自己的人，总会有很大的无力感，因为 TA 的大部分力量都浪费在否定"自我"上。

我们可能内向懦弱、觉得自己不够勇敢或者优柔寡断，所以不断地否定自己。

有着自己不喜欢的特质的人，其自我价值感会越来越低。

自我价值感低的人很容易为了一点点价值而放弃对自己的爱和别人对自己的尊重。

就像弹簧一样，我们用多少能量来排斥自己，就会反弹给我们自己多少负能量。

所有的好与坏，其实都是我们自己的定义。

我们都想让自己变得自信、积极、情绪稳定，所以我们现在需要的可能不是强迫自己付出更多的努力，而是静下心来，整理自己的内心，找到让自己内心根基不稳的源头。

稳定的自我价值感来自对自己的深刻认识和持续的行动，在生活中找到自己的位置。与其固执地坚持不适合自己的东西，不如去做自己擅长和喜欢的事情。在这种情况下，不完美的你依然会发光，依然会活出自我，依然值得被欣赏和被爱。

3.

自我决定理论认为，所有人都有人际关联、能力和自主的基本需求。人们会将这三种需求内化为行为调整，以便自主决策。

自我决定程度高的人对别人的反应有自己的理解和成熟

的内化逻辑，所以能很快做出决定。对于低自我决定程度的人来说，他们很难做出"自己的决定"，因为他们缺乏自己的理解和思考，难以形成内化的逻辑。

我们首先要对自己有一个清晰的认识和了解，这样才能对外界有相应的反应。要分清什么需求是受外界影响和干扰后形成的，什么才是自己真正想要的。只有那些来源于自己想法，而非盲目追随社会期望的目标，才是最适合自己情况和实际能力的目标，追求这样的目标既能激发你的主动性和创造性，又能让你在实践的过程中获得成就感和幸福感。

世界上的一切并不是只有一个标准。

我们应该避免被焦虑拖着前进，而应接受差异，放下焦虑，停止总是迎合大众。

对于一个自我价值感高的人来说，其正直、诚实、责任心、同情心、博爱和杰出的能力都能得到充分的体现。

因为你相信自己的价值，相信世界因为你的存在而更美好。当你爱自己的时候，你的内在能量就会增加。

要明白，任何事物都有自己的成长周期，我们也一样。作为过程的统一体，"成功"不是划分我们的标准，我们每一次从量变到质变的飞跃，都是一个新的"起点"、一个新的开始。

4.

我们会逐渐明白，在广阔的世界里，有无数的事情是我们无法控制的。

"勇气"就是拿得起放得下，不要求立竿见影的效果，不试图控制别人。

停下来看走过的路，展开记忆的影像，你会发现生活并不是一帆风顺，而是有明显的波折。但是你会发现，你在不知不觉中坚持了很久，几乎人生的每一次重要转折都源于你的果断。

只要你勇敢地迈出第一步，即使没有到达你预期要去的地方，也会让你进入一个新的局面，拥抱一个全新的人生。

阿德勒说他的理论是"勇气的理论"，面对生命主体的勇气来自"自我价值感"。只有认识到自我的价值，我们才能更好地接纳自己、面对生活。

价值感来自对共同体的贡献。即使我们没有做对别人有用的事情，我们的存在本身也是有价值的。从这一点出发，可以衍生出评价的理论。表达对存在本身的感恩，就是从零开始做加法。评价就是先虚构一个理想化的对象，当发现行为不理想时再减去，做出负面评价。即应用"存在标准"，而不是"行为标准"来对待。

5.

勇气会带给我们礼物,让我们意识到,我们远比自己想象的要冷静果断。它就像一面镜子,把我们原本难以察觉的部分照了出来,让我们完成了对自己的认知,从而更有信心迎接未来生活的挑战。

只要你和别人建立了平等的关系,你就会改变自己的生活方式,感受到自己的价值。

存在大于行为。阿德勒提倡的是,生活中的各个部分都是我们的"工作"。即使在行为上我们无法劳动,我们也仍是有价值的人。只要有主观感觉,就是有贡献感。至于你的贡献是否对他人有作用,那是他人的课题。

贡献感是快乐的源泉。有了贡献感,就有了幸福感。

当我们成为更有勇气的人时,我们会相信我们可以克服未来可能遇到的困难,实现我们的目标,并为实现我们的目标而坚定努力。虽然有很多命运的因素,但我们还是会勇于做出选择,并勇于为自己的选择负责。

放弃没有回馈的爱，是一种更大的勇敢

TA说

我曾经幻想和喜欢的人幸福地在一起。

认为多爱对方一点，就会得到同样的爱。

然而现实并不是这样的。

我想留住那些美好的瞬间，但对方就像一个冷漠的旁观者。

不被偏爱的爱情一定没有结果。

和男朋友看完电影后，我给他发了几张用心拍好的照片。

我问他："好看吗？"

他敷衍地点头回答："好看。"

"可不可以发个朋友圈？"

他沉默着,什么也没有说。

我知道,他不太喜欢我。

持续了短短几个月的恋爱就那样无疾而终。

不知道从什么时候开始,我开始在意感情中的付出和收获是否对等。

早上起床,如果他不先给我发早安,我也不会给他发,但如果他给我发早安,我不仅会秒回,还会给他发很多关心的内容。

如果他什么都回应,对待感情很认真,那我就比他更积极回应。

如果他不在乎我,那么他就得不到我的回应。

如果对方很真诚,我会十倍回报对方的真诚。如果只是敷衍,那我一秒钟都不想浪费。

因为被爱的路上留下了很多眼泪,仿佛永远在听"对不起"。

勇敢为爱冲锋陷阵的人虽然值得称赞,但我只想更勇敢地为自己而活。

现在我觉得想要维持一段稳定的感情,就要放弃患得患失的想法,有一个稳定的情绪。

自己的心情自己掌握,不被任何人把持。

当你能给自己一切的时候,你就不会再执着于那种忽远忽近的爱恋了。

现在，我不再焦虑。我开着自己努力挣钱买的车，偶尔买些自己喜欢的花，随时可以去看自己喜欢的风景。

差点忘了二十多岁时的自己。因为失恋，我蹲在马路边，歇斯底里地哭，想着这辈子可能再也见不到喜欢的人了，感觉再也不会爱了。

现在的我有了更多的人生阅历，已经很难再被消极情绪所带动了。

我知道，那个勇敢的我，回来了。

想要告诉你们

1.

爱情本身是一个抽象的概念，需要通过一些媒介将它具象化。

我们想尽一切办法证明的，无非就是那份诚意。

通过那些外在的形式，我们想看到的是内在的态度。当我们在一个人身上花费时间和精力时，我们往往希望从这个人那里得到同样的反馈。

我们表达爱，相信爱，是为了让对方知道爱是真实的。

一旦得到的反馈不符合我们的预期，我们就会很容易产生怀疑。

想要得到爱，首先要做一个会释放爱的人。然而，如果在一段感情中感受不到爱，感受不到回报爱的能力，此时的爱就会变成相互消耗，形成恶性循环。长期得不到爱的回报，会让我们抑郁、空虚、沮丧。正因为如此，爱对我们来说才如此珍贵。

我们希望对方如何对待自己，首先必须以同样的方式对待他人。无论是家人还是伴侣，最重要的还是真诚。只有付出真心，敞开心扉，坦诚相待，才能经营好一段和谐的感情。世界上最幸福的事就是把心交给值得的人。所有的善意和爱都是相互的。

2.

在一段感情中，如果你从内心收到"这不是我想要的"和"对方让我不舒服"的信号，一定要果断远离。

因为感情中的付出是相互的，要学会在不愿意和负责任的时候"放弃"，在感到痛苦的时候及时抽离。这样不仅能主动感知自己的感受，还能照顾好自己，让自己回归健康状态。

你如果盲目付出，白白消耗自己的一切，却得不到对方的任何反馈，只会变得疲惫不堪。恋爱中失落的一方会觉得自己不值得爱。

面对失落，很多人会习惯性地压抑自己，掩盖自己真实的欲望和需求。所以，放弃没有回馈的爱的第一步，就是学会反抗和反击，让自己适应性地释放一些攻击性，卸下讨好的外表——我们不是谁的附庸。

即使你每次反抗都得不到满意的结果，但至少在这个过程中，你不必一直沉默或忍耐。而是可以通过一次又一次充满力量的积极回应来削弱来自对方的轻视，通过自我调整成为一个敢于放弃的人，从而获得选择幸福的勇气。

3.

面对不合适的人和事，及时止损，给自己一个重新选择的机会，这需要勇气和智慧。

虽然很多人认为这是"心理创伤"，但阿德勒予以否认。他认为，决定我们行为的不是客观经验，而是我们赋予它的意义，主张脱离过去，着眼当下的"目的论"。他认为，人的行为都是围绕着"目的"进行的，而这个目的是什么，很多时候连当事人自己都没有意识到。

如果一个人真的想改变，那么改变一定会发生。有时候我们嘴里说着，身体却往另一个方向移动，内心也不一样，因为潜意识还不想改变。改变意味着承担更多的责任和风险，未知比惨淡的现状更可怕。

《放弃的艺术》一书中有这样一句话："放弃并不意味着结束，它是重新审视你的目标和你想要的生活时必须跨出的第一步。"

4.

任何选择都需要勇气，我们能做的就是尽力让自己有一个正确的爱情观。

也许我们一开始没有遇到对的人，但这是我们需要经历的。

我们应该勇敢地面对它，并努力将这一选择变成一个成长和转变的过程。

我们需要的是将自己的一部分从与他人的情感共鸣中抽离出来——重新维持我们的个人界限。不要记恨你的过去，也不要嫌弃你的过去，因为那个曾经弱小的你在用尽一切办法让自己强大。

我们要学会爱自己，不是在片面的思考和想象中，而是在积极的、整体的实践中。这是爱自己的第一步。如果一个人连自己真正的需求是什么都不知道，那么 TA 的任何行为及其带来的结果都很难导致对自己的关爱。

要达到有效的觉知,我们需要更加真诚,不要对自己隐瞒。

学会爱自己之后,就要学会接纳自己。

我们一直排挤的、驱赶的,甚至是自己内心排斥的,都是我们学会爱自己的障碍。

5.

人生很长,需要学会做减法来释放负担。如果一直彼此消耗,你只会沉重得迈不动一步。

在一段感情中,耗尽心血后的抽离,往往不是一种妥协,而是一种自我救赎。

及时止损是我们在生活中必须面对的选择。

只有学会放弃,才能卸下生活的各种包袱,轻装上阵。

愿每个人都有超越过去的勇气。

Part 4

勇于奉献——我们终将学会与自己的多重人格合作

那些眼中有泪,却又笑着前行的人,值得一切美好。即使事与愿违,我们也要相信用尽全力去感受、去拥抱生活。万事万物皆与我们同在,我们最终都会成为自己的风景。

在失去的巨大废墟前，你需要重建新的生活

TA说

我知道我是个胆小鬼，害怕周围的一切变化。

在我很小的时候，每次和妈妈分开，哪怕是短短的几个小时，我心里都会难过无数次。

我不知道一个人的时候该怎么做，有时候甚至感觉自己连呼吸都是错的。

谁能想到，我还没长大，妈妈就早早地离开了我。

我的生日也是我母亲的忌日。

十岁生日那年，妈妈出门给我买蛋糕，结果在路上发生了车祸，永远地离开了我。

很多年我都没再过生日，就那样和痛苦拉扯了十年。

20 岁生日那晚，我第一次和朋友们聚在一起，然后回家。

我们都有点醉了，走在林荫小道上，感叹世事无常。

天空中闪烁着几颗星星，像妈妈那温柔的目光。我寻找到最亮也是我最爱的那颗，那个瞬间，泪水从我的脸上滑落。在那一刻，我突然释怀了。原来我爱的人就在我心里，从未离开。

回到家，我静静地坐在沙发上，听了一会儿音乐，然后大哭一场，汹涌的眼泪淹没了我。

25 岁的时候，因为一直以来的抑郁情绪，身体的免疫系统开始出现问题，先是莫名其妙地发烧，然后身体开始长白斑，后来查出了甲状腺弥漫性病变。

我是一个常年焦虑失眠的人，直到我的身体生病了，我才觉得我的整个生活更无力了。

每当我看到即使吃了药自己的身体依然会长出新的白点，我的心都好像坠入了深渊。

我知道我不仅仅需要吃药，更需要自我调节。

在医生的指导下，我开始慢慢地调整自己的心情。

立冬已过，但还没有什么冬天的味道。

某天晚上我看了最喜欢的电影，开始学着更深刻地理解这一天的感受。

好像身体和心里的疼痛开始减少，整个人变得有活力

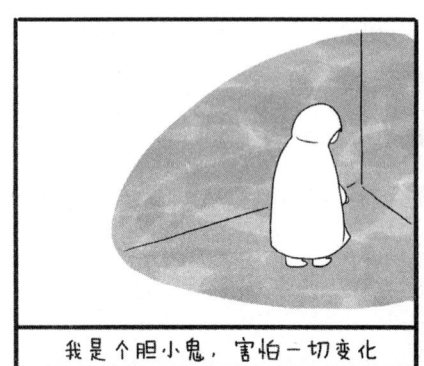

你在烦恼什么呢
—— 跟阿德勒学超越自我

我是个胆小鬼，害怕一切变化

我是一个常年焦虑失眠的人

有时候感觉连呼吸都是错的

开始调整自己的状态

感受微风，感受生活

那个勇敢的我，回来了

起来。

四季更替，每一刻都是这样有着自然充沛的能量表达，值得细细品味。

有一句话说："没有什么比净化身心、忏悔、思考和反省、训练自我心灵、面对生死更重要的了。"

即使生活不如意，也请坚持下去。

感受微风，看大海，看星星，看月亮，看日出。

虽然生活痛并快乐着，但现在的我很想告诉妈妈，我过得很好。

想要 告 诉你们

1.

生活中，我们难免会经历一些不好的事情。当那些痛苦突如其来时，我们会觉得自己基于过去生活经历而在头脑中建立起来的信念被推翻了。

"不应该是这样的……为什么这种事会发生在我身上？"

每当我们说出与之相似的话时，我们就把注意力集中在事件最糟糕的结果上，这大大增加了内耗和我们的痛苦。

这样的认知崩溃会让我们对生活产生前所未有的失落

感、无助感和失望感，甚至可能一蹶不振。

当我们因为某件事沉浸在悲伤中的时候，周围的人会安慰我们，希望我们早日走出来。甚至我们也会告诉自己赶紧振作起来，即使有时候很难真的做到。

但是认知崩塌所带来的颠覆和后续的重建，会让人变得更坚强。

2.

认知重建的过程也增强了我们的心理韧性——面对逆境、困境或压力事件时能够良好适应的"反弹能力"。以后再面对挫折的时候，我们会有更强的情绪调节能力来适应情况。改变外界和他人也许很难，但我们总能努力让自己的内心变得更为强大。

我们无法阻止那些突然造访生活的不速之客，它出现时，就让它在那里停留一会儿，试着感知它的情绪，然后表达对它的不认同：你虽然在碾压我，但是我会有勇气再站起来。

事实上，过度焦虑的结果可能是我们只考虑如何掩盖痛苦的事情，而忽略了我们现在应该做些什么来减轻痛苦，这无疑是本末倒置。

接受自己的负面情绪，接受那些痛苦，找到一种能健康表达情绪的方式，这一点非常重要。

我们可以为自己的情绪管理预留一个特殊的时间和空间。

在这期间，你需要注意理解、感受、表达和照顾自己的情绪。

在这个过程中，可以允许悲伤、困惑和愤怒等"负面"情绪状态的存在。接受负面情绪的存在，其实更贴近我们自己的内心，这与对世界充满善意和真诚并不矛盾。

3.

如果你很难过，你可以放声大哭；如果你很焦虑，你可以清空你的头脑，静静地坐着，专注于"这一刻"；如果你生气了，你可以找一个安全的方式合理地发泄……

在这个过程中，你就这么待在自己的专属空间里，只为能更好地照顾自己的情绪。

重建我们的认知信念将使我们的心理、身体和社会能力得到增强，这将支持我们在未来过上更好的生活。

当我们能不抗拒自己的缺点和情绪，批判性地进行客观反思时，我们也就能逐渐做到自主。

坚定是爱自己很重要的一环，当外界环境充满各种言论，干扰你的判断力时，你需要追溯到自己的原点，这样才不会轻易动摇和迷失。

你在烦恼什么呢
—— 跟阿德勒学超越自我

自我坚定是我们变得勇敢的武器，也是我们进行积极改善和追求更幸福生活的原动力。

4.

阿德勒说过，成熟是对自己的课题负责：自己的课题自己决定，自己的人生自己负责，自己的选择自己接受，自己的价值也要自己来诠释。

感受了重建的过程后，你会发现你比自己想象的要坚强，你可以靠自己走出困境。我们要学会善待自己，照顾自己，肯定自己的价值。

一旦遇到不好的结果，可以从低谷迎难而上，鼓起勇气面对生活的一切可能，不断探索成长。

努力重建我们的内心世界，发展人格，激发我们本能中所拥有的动力，不断向更完美的自我发展——我们所做出的这些改变会改变我们的生活，让我们拥有更精彩的人生。

也许正是那些或喜或悲的情绪，构成了我们成长过程中的瞬间，也构成了我们的回忆，让我们更好地活在当下。

就像下面这句诗说的那样："我与旧事归于尽，来年依旧迎花开。"

为自己所有的选择和经历负责，努力做一个负责任的人。

学会去爱，但不要去爱不爱自己的人

TA说

有无数个夜晚，我和自己聊天，感觉身心俱疲。

我告诉自己要认清事实，说服自己学会做一个大人，而不是像个孩子一样抓着糖果不放，以为自己随时都可以拥有自己喜欢的东西。

总想等到那个让自己变成孩子的人出现，但等来的却是自己变得更加矛盾的现实。

有句话说："哎，你还在机场等船吗？"要是我能抓住爱，不让它溜走就好了，但爱从来不会靠我们的意志来转移。

我暗恋了他五年。

他是那种高冷的男孩，工作能力强，对人说话超级温柔，但是有点冷漠。我特别喜欢他，可我自己大大咧咧，不像个淑女，没有太多优点。

我觉得我配不上他。

后来我鼓足勇气向他表白了，谁知他居然答应了。

但是我们在一起的时候经常吵架，有时候他甚至关机不联系我。

我会半夜向朋友哭诉。

谈恋爱期间，我一直在问自己，如果我更好看一点，他会喜欢我吗？如果我不那么男孩子气，更像个淑女，他会喜欢我吗？如果我再温柔一点，他会喜欢我吗？

现在想来，爱情的滤镜让我忽略了他的缺点，放大了我的缺点。从周围的朋友对我们的评价来看，我没有想象中那么糟糕，他也没有想象中那么完美。

我不再合理化他的缺点，开始尝试客观理性地分析我们之间的问题。

毫无悬念地，我们最后还是没能在一起。

虽然分手后，我哭了整整一个月。

他让我接受了无论我多爱一个人都无法阻止他离开的事实。

分手两年后，我又遇到了他。

怎么说呢？之前有多么亲密，见面就有多么尴尬。

再见面的那一刻，简短的寒暄之后没能免俗地谈及当下的生活。

空气更加沉默，彼此都在告诉对方一切都结束了。

独自走在回家的路上，看着月光下的小影子，我低头对自己说："嘿，别害怕，一切都会好的。"

后来我明白，我们都没有错，我们只是三观不一样。

当我逐渐意识到这个问题的时候，我就不那么自我怀疑了。我试图抛开滤镜去"审视"他和我自己，试图以他人的视角重新认识他和我。

我开始看到真实的他和自己，而不是理想中的完美的他和自卑的自己。

现在我还是觉得他很好，虽然有时候我还是会自卑，但是这种心情不会再影响我的生活，我也不会再因为自我怀疑而在生活和工作上消沉。

但与生命的漫长相比，那一次又一次的失去或许真的不算什么。

想要 告 诉你们

1.

其实爱情的意义不仅仅是让自己感到快乐和愉悦，更重要的是，让我们能感受到爱的能量，认真对待生活之后的成长。

亲密关系首先是关于自己的探寻，爱情也是一次成长。

你想要什么样的爱情？什么会比别人更重要？我们对这种关系的满意与不满意首先取决于我们内心的标准。不同的人会有不同的标准，它首先是你个人价值观的凝聚。

空谈爱自己是没有意义的，你需要沿袭着它的本质，从内向外、从各方面，用爱自己的方式去生活。

然而，生活中充满了需要做决定和选择的时刻，在一段关系的构建中更是如此：你选择和什么样的人在一起，用什么标准来定义理想的关系，相处时选择什么策略来处理问题，你是否有复杂的世界观来理解人，你是否有灵活的个性来处理和接受关系中不符合你期望的部分……这些问题对于建构亲密关系尤为重要。

2.

和恋人相处的时候，应该一直遵循内心的顺序。

不要取悦冷漠或辜负热情，这样就不会仅仅活在爱与恨中，也不会为爱所困。

现实困难已经很多了，只有简化你的情感要求，你才能拥有更广阔的人生。

一个人在过去的创伤还没有愈合的时候，TA 在亲密关系中想要追求的东西可能是混乱的，TA 会不由自主地被明知会伤害他的人所吸引，或者过度追求对未来幸福不重要的东西。

即使是感情上没有受过创伤的人，他们在充分了解自己之后，也会更容易达成让自己完全满意的亲密关系——懂得珍惜对你真正重要的东西，也有力量和勇气放弃那些有些人可能认为很好但对你来说不是最重要的东西。

不要盲目拿自己比较，保持对自己的认可。爱自己的人有着坚定的内心，能真正认清自己。

3.

你要有意识地理解缺爱给你具体造成了什么样的影响。当你知道了哪些表现是因为缺爱导致的，也就可以刻意做出自我调节——这样缺爱状态就不会绑架你，让你在无意识中做出对自己不利的行为。认识到这些问题本身就是一种改变。

想要建立对亲密关系的良好认识，可以通过跟在成长过程中一直被爱包围的朋友交流，了解他们对爱的看法、在关系中的行为，这可以潜移默化地帮你建立更加健康的爱情观。

建立和界定个人边界的过程是一个主动选择的过程。做出主动远离的决定，也是对自己负责，主动掌控生活的体现。

正如著名设计师马可所说："当你不需要凭借外物证明你自己时，你的心才能真正放下防卫而敞开接纳他人，因求真若渴而慢慢变得坚韧丰盈。"

只要你有意识地学会爱自己，你就会在日后的日子里远离爱的缺失状态。

勇气是最好的止痛药

TA说

23岁之前,我一直在和妈妈抗争。妈妈的生活习惯和教育理念被我质疑。我常常极力抗拒她以爱的名义束缚我。

我抗拒她缺乏自尊,经常在我们面前哭,软弱无力,我渐渐地不愿意和她沟通。

我在心里说了无数遍我以后不要成为她那样的妈妈。

但是很多时候我觉得对不起她,她婚姻不幸,连她的孩子也不理解她。

其实她有时候很可爱,爱吃零食,爱音乐,爱可爱的小孩。

我是一个害怕和人交往的人,不太热情,话少。

谁承想,妈妈在我23岁那年,因为身体不舒服去医院检查,结果被告知已经是癌症晚期。

妈妈走的时候,浑身都在痛,我难过地握着她的手说:

"对不起，对不起，妈你一定要原谅我……"

妈妈没有怪我，只是用枯瘦的手替我擦干脸上的泪水。

我永远不会忘记她留给我的最后一句话："永远不要放弃自己！"

妈妈走后，我自己也生病了。

我知道，每个人都有自己的挑战和考验，只能在这个过程中调整自己去接受、去承受、去收获一些东西，所以一切，无论好坏，都是人生这个旅程的一部分。

我一个人拖着箱子去医院，那种无助和孤独是无法形容的。

在医院周边的小饭馆里点上碗馄饨吃上，然后排队等着去医院拿中药煎药。

妈妈离开后，我一直焦虑、失眠、莫名其妙地忧虑，以致身心都出现了问题。

可是要怎么才能结束这种痛苦呢？

我知道该克服自己逃避的心态，但有时候就是鼓不起勇气去好好面对，我也知道自己的不足，但是好像有时候就是需要别人给我更多的能量。

入秋后，雨连续下了很长时间。有一天晚上，雨下得很大，我非常想念我的妈妈。我妈给我留了个玻璃壶，有个木质的圆盖。我泡了一壶玫瑰花茶，瞬间暖了身心。

Part 4　勇于奉献——我们终将学会与自己的多重人格合作

我是一个害怕和人交往的人	妈妈走后，我也生病了
我一直期待痛苦结束	真正的成长是从开始承担开始的
努力尝试"走出去"提升内在力量	在失去的过程中逐渐建立起心灵的秩序

那场雨过后，空气中充满了潮湿的味道。而我的状态，好像也慢慢好了起来。

想要 告 诉你们

1.

我们常常以为"我过得不好是因为我经历了各种不幸"，然而，这种心理因果理论却不一定是对的。

"一切如旧"可能会让你觉得有点悲观。

你现在的一切都是你自己选择的，而不是世界给你的注解。

你对你获得的经验的解释也在支持你的选择。你觉得这些逻辑都是正确的，但有时候那可能就是一个陷阱，让你把自己深深地拖入某种深渊。

即使周围的人不理解你，没有人体会你的感受，也请不要放弃。你会重拾快乐，重拾兴趣爱好，重新喜欢上自己，因为这是你能做到的……

对每个人来说，感受温暖的时刻都是珍贵的。它可能不会经常出现，也可能不会触手可及，但如果出现了，请及时抓住它，不要让它被埋没或遗忘。毕竟这是生活在严酷之外的馈赠和善意，也揭示了生活"虽苦却依然美好"的道理。

在心理学家看来，我们能长久记住的，往往是那些带给我们很多情感体验的事件。

2.

心理学家认为，识别自己的情绪，对情绪进行描述和标记，是情绪管理的开始。当情绪发生时，我们需要知道自己经历了什么，以便有针对性地处理每一种具体的情绪。要摆脱情绪的控制，首先要进行准确识别。

做具体的事，爱具体的人。

我们从小接受的教育很容易给我们一种错觉，认为别人的评价等于自己的价值。如果有人说"你真讨厌"，我们会感到压抑，甚至自己的价值也会变低。

很多人觉得自己对生活没有掌控力，可能就是因为不知道自己到底想要什么样的生活。换言之，我们现在所做的、所经历的一切，更多的是为了满足别人的期待，却从没有考虑过自己的未来会是什么样子。

在这种状态之下，人一旦遇到既定轨道之外的事情，就很容易失控，觉得一切毫无意义。

3.

建立在自己真实需求和认同的价值基础上的生活，更加稳定可控。

明确自己的人生愿景，那些来源于自己想法的才最符合自己的实际情况和能力。你也会觉得更有掌控力，因为外界的影响根本动摇不了你。

即使无数次陷入自我怀疑，有无数烦恼，但你一定会重新爱上自己。人生不可能总是那么顺利，总会经历黑暗，但我们的智慧会帮助我们走过一个又一个坎。

因此，我们需要找到那条个性化的人生道路。

提高掌控感并不意味着你要完全掌控自己的生活。其实，"意料之外"是生活中的一种常态。这个时候，我们要学会控制我们所能控制的，放下我们所不能控制的。

很多人因为生活中短暂的"失控"，会完全否定自己，怀疑自己的能力。其实这时他们更应该把重点放在自己能控制或者已经控制的事情上，看到自己在这些事情上起到的作用，从而增强对自控力的认同。

生活中总会有一些事情是我们即使竭尽全力也无法控制和预测的。但或许，它就是你坚定可控的生活的一部分，别忘了，这个世界也会带给你突如其来的惊喜，而它们加在一起也就组成了所谓的人生。

4.

其实很多时候，真正的、自然的改变，并不是由对现状的不满程度决定的，而是基于人们对自己的清醒认识和发自内心的接受。

人只有有希望、有探索的欲望，才不会停滞不前，才会充满活力。

我们选择把自己的时间花在什么地方，往往就决定了自己人生的幸福值。

探索一切的热情是最重要的，其他的一切都会随之而来。

你要懂得享受和自己的内心在一起的时光，这也是你情绪和核心稳定的主要原因。

只有"此时此刻"可以丰富你的喜悦，你在享受的时候自然会到达某个地方，但即使没有到达某个地方，也不会影响你的喜悦。

我们不需要因为达到某个目标才快乐，我们需要的是体验当下。

就像那句话所说："那些微亮的光，正在一而再，再而三，千次万次地，让我们看到希望，找到自己。"

两个人之间最深的
感情不是"我爱你",
而是"我懂你"

TA说

我喜欢一个人,是因为他有我身上没有的理性与平和。

我和他之间的一些误会,以及我对他的反复质疑,让他彻底失去耐心,开始和我吵架甚至冷战。

我整夜睡不着,无法消化负面情绪。不知道是因为心里放不下他,还是对自己不被别人喜欢这种结果的不甘心和无奈。

每段感情都有它的意义,即使它后来破裂了。

我不懂爱。我总是不断地推开对方,用各种方式试探对方对自己是否真诚，是否会来找我。极度的不安全感和占有欲让我很痛苦。

我总觉得，爱我就要一直爱，不能改变。

以前觉得归宿是一个家的完成，现在觉得所有的归宿都沉淀在两个人的和谐相处中！这一刻，因为有对方在，让你变得安心。

我花了很大力气才明白，理解一个人比爱TA更难。

我觉得一个人应该不断观察和感知，学会思考和感受，让身心一起沉淀下来。

珍惜当下的每一刻，心怀感激，这样才能用爱认真地对待每一天。

我们一生都在寻找了解自己的人。不需要太多的言语，也许只是一个眼神，就能读懂对方的心思。

当你长大成熟了，你会更加懂得表达和感受爱，学会生气的时候保持冷静，和对方适当沟通，开始设身处地地理解对方。

我一直觉得人与人之间的相互理解是世界上特别珍贵的一件事。

哪怕没有在和对方一样的家庭环境中长大、没有经历过和对方一样的事情、没有相同的社交圈。哪怕看到同样的天空、同样的夕阳，心情也不一样。

就这样，两个独立的个体在某个时刻相爱，随时可以分享彼此的感受。那些感觉让我们透过彼此眼中的星辰大海看世界。

想要 告 诉你们

1.

情感生活表面上风平浪静，实则暗流涌动。俗常往往只是表象，爱深埋其中。

如果生活完全以伴侣为中心，彼此很快就会厌倦，爱也会走到尽头。再热烈的爱，都需要空间来呼吸和成长。离开你的伴侣一段时间，做一些你喜欢的事情，会帮助你重建自我意识，在稳定的关系中更加舒适。

每个人看事情的角度不同，都会从自己的角度去解释发生了什么，做出判断和行动。

不用提建议，用同理心建立信任关系才是关键。

所以在和一个人相处的时候，你需要知道，不要试图改变对方。

想要了解对方，首先要观察他属于什么样的人，和他保持一种对等的关系。把每个人都当作平等的存在，耐心倾听，就可以建立真正的信任关系。

2.

"亲密无间的亲密关系，并不是来自两个人之间相互交流的共鸣和兴趣。"我给你爱，所以你一定和我有一样的需求和情感，这种认识只是虚无缥缈的共生幻想。

阳光、空气、自然的东西是最珍贵的礼物，人们往往对普通的快乐视而不见。

日常本身，或者就有着最平凡而伟大的意义。

爱一个人最好的方式不是改变，而是帮助对方展现自己最好的一面。

3.

在真正的亲密关系中，两个人很少会有相同的想法和情绪。

尊重是起点，让我们无论现在或未来发生什么，都能接受真实的自己。

决定一个人的不是他所处的环境，而是他对自己所处环境的解读。一定要相互配合，掌握主动权，配合对方的动作调整自己的方向。

根据两个人所采取的方式，可以看出两个人是否适合长久在一起。

彼此应能看到真实的对方，明白对方是独一无二的。"我希望被爱的人以自己的方式成长和表达自己，而不是以服务于我为目的。"

4.

为了避免在不知道眼前的主体属于哪个的情况下介入别人的主体，首先要明确主体的归属，但分离主体不是最终目的。目标是明确主体归属后，同心协力、共同生活。

你看重的价值并不仅仅影响你对伴侣的选择，有时候你所看重的只有通过时间和努力才能在两个人之间建立起来，比如充分的信任、良好的沟通、默契地解决问题、深度的连接。

无论和谁在一起，都要经历一段磨合，你首先要对此有充分的心理准备，合理的预期可以帮助你积极参与磨合过程。

你要有能力在相处过程中不被自己过去的认知所僵化束缚，要有在困难出现时积极解决问题的动力，甚至要突破一些你过去认为不会突破的原则，采纳一些你过去不会采取的视角。

5.

无论什么样的身份状态，深入了解都是为了能够更好地接纳自己，与自己相处。

如果我们想变得更加成熟和有魅力，我们需要有意识地努力。

我们应该让自己和自己的情绪之间拉开一定距离，以便观察。

这种距离可以帮助我们在负面情绪的压力下看到长远的目标和这些情绪的意义，感知自己的负面情绪是否合理。

这样我们才能摆脱和他人相处过程中的负面情绪，停止不断贩卖焦虑的恶性循环。

学会转换视角，需要我们站在别人的角度思考问题。要获得这种能力，我们可以尝试在思考别人的看法时，有意识地把自己抽离出来，站在一个新的角度去思考。

学会承担和反思每一次选择的后果，不断对自己形成更深刻、更准确的认识，同时对自己的能力和优势树立客观的信心。

如果我们能满足一些由内在动机激发的，而不是那些由外部因素强加的需求，我们就能体验到更多的幸福感。

6.

因为相信对方、相信关系，所以能够在一段关系中更自由、更真实地做自己。

在这种"放松"的关系状态下，关系本身就足够灵活，不再脆弱到需要对方不断地关注和呵护。我们可以感受到很深的安全感，不需要把所有关注点都放在关系上。

我们对理想关系的执着让我们对关系的理解变得僵化狭隘，但当我们放下执着去接受当前的关系状态时，我们会收获一些意想不到的变化。

不是所有的分歧和因分歧产生的摩擦都需要纠正，相似和重复不代表关系一直在原地踏步。接受"我爱的人有时候很讨厌"比试图同步两个人的习惯更能让关系得到缓解。

让亲密关系自由流动，而不是人为地塑造和雕琢一段关系，亲密关系就会以最舒服的方式展现在我们面前。

从小事中挖掘生活的美好

TA说

总觉得自己是个没用的人,在社会上被功能性物化了。

这种感觉让我每天都生活得很压抑,直到遇见我的猫。

那时候,它还是一只流浪猫,我不想让它露宿街头。想给它一个家,让它安全地生活。

它每天会在我回家的时候跑来蹭我的腿,在我旁边陪着我,陪我睡觉吃饭,在我难过的时候好奇地看着我……

突然觉得活着好像很有意义,在和它相处的过程中,觉得自己被需要、被爱。

每次心情不好的时候,我都会抬头看看蓝天和夕阳,突然就会觉得很开心。

你在烦恼什么呢
——跟阿德勒学超越自我

照顾小动物和看美景是我获得情感价值的好方法。

我从救助流浪动物的行为中获得了巨大的情感价值。虽然在收养流浪动物的地方帮忙很辛苦,而且经常不被理解,但这让我越来越坚强,觉得能通过自己的力量去帮助更多的流浪动物。

虽然我很忙,但是业余时间我都一直在坚持救助流浪动物,因为我觉得这是一件很有意义的事情。

而且每次把一个小动物送到新家,就像送走一个孩子。这样心里更踏实,也更快乐。

我学会了做饭,种菜种花,闲下来就画画,看书,喝喝茶,听听雨声……那些在别人眼里不值一提的小事,都是我现在生活的快乐源泉。

我喜欢自由自在的生活,学着做一个轻松的人。

我们思考自己的生活,区别重要和不重要的事情,学会如何自给自足,如何提升和完善自己,如何去爱。

我在学习如何让自己平静下来,回归呼吸,感受温暖。

当下的喜悦:忙碌了一天后,独自坐在露台花园里,种下的西红柿已经结出鲜红的果实,可以摘下来当晚餐了。小猫在旁边跑来跑去。看着夏日傍晚的阳光从树顶慢慢移动到树的缝隙里,内心也被那种自然的喜悦和宁静所弥漫,那一刻,我意识到生命的真实存在,感受到了它的意义!

想要 告 诉你们

1.

人类有无限的能量和创造力,只要心中有向前的信念,就会有"不贫瘠"的意识,从而耕耘出自己的花园。

阿德勒曾说,人类的所有行动与感情都有目的。这个目的正是生命的原动力。即使我们没有察觉,我们生活中的所有行为也都是朝着人生的最终目标而做的。最终目标会在未来实现,而其影响范围却是现在。只要现在能好好生活,未来的人生,乃至生命尾声就会过得很好。因为生命中的每个瞬间组合在一起就是人生的集合。

想把自己的人生过得幸福有意义,就必须让"此时此刻"过得幸福有意义才行。

能够借由鼓励来提起勇气的人,本身就是幸福又自由的,也能成为自己人生的主人。

在原本的生活节奏中,或许可以慢慢酝酿内心的富足。

我们每个人都像是一个永不屈服的耕耘者,尽管前行有困难,仍然用渺小而顽强的毅力一点一点地勾勒生活的蓝图。

2.

身边有很多这样的朋友，在风暴来临的时候，努力守住自己的一方天地。他们不知所措，但没有放纵，也没有投降，而是积极面对，让自己浴火重生。

积极的情绪也是会传染的。你不知道你的光会照亮谁，哪个人会反过来拥抱你。而当很多人拥抱在一起的时候，我们就有能力抵抗巨大的苍凉和恐慌。

有时候我们在意那些显性的、有用的、可实现的能力，却忽略了很多看不到的内在能力。

我们需要带着好奇心去尝试一些"我们以前从未想象过的选择"，比如尝试一些我们以前想做但不敢做的事情，去看不同的风景，接触不同的观点等。无论你做什么，都是在经历"认识自己，成为自己"的过程，并在这个过程中提升自我认同。

只有这样，我们才能越来越清楚自己想要什么、自己能做什么，才能为了目标不断提升自己，才能真正对自己负责。

3.

每个人都是一个复杂的个体，不可能单纯以某一种特征来判断。事实上，以更开放和不评判的态度接触多元的价值观和文化形式，保持谦逊，感受不一致带给自己的影响，或许更有助于我们立体地看待自己。

理解生活就像读一首诗。我们不仅要知道它的文字，还要了解它的意境。只有全心全意地感知并投入其中，我们才能与之同呼吸、与之对话。

生活不是橱窗里的标本，它是生动多彩的。

在古人眼里，山川河流，日月木石花鸟，万物皆有灵魂。

具有深邃智慧的人会仔细观察身边的事物，在生活的细微之处获得巨大的感悟。

我们用身心感知世界，进一步靠近生活的智慧。

懂得感知生活的人，会以一颗柔软的心看待世间万物。

4.

一个早起、勤奋、坚强、诚实的人很少抱怨命运的不公平。

一个人最完美的状态不是说永远不犯错，而是永远不放弃。

我们都习惯用手机记录我们生活的片段。

在那些记录里，你可以发现，什么时候下雨了，什么时候心情好了，什么时候喝了一杯奶茶、看了一场电影……那些琐碎零散的感觉，就组成了我们的生活。

你在烦恼什么呢
——跟阿德勒学超越自我

因为那种存在,我们有了更多储存的记忆。

在每一件小事中发现我们快乐的细节。

让一个人越来越优秀的,是你坚强的意志、修养、品行,以及不断的反思和修正。

珍惜身边真挚的爱。一些人的光芒会在某个瞬间照亮了你,这就是相遇的意义。

学会不求回报,但求无怨无悔。

当你越来越平和、越来越爱自己的时候,你心里就不会皱巴巴,会活得风生水起。

Part 5

勇于活在当下——太追求快乐反而会让自己不快乐

生活不是为了走向复杂,而是为了体验当下,我们要与自己的内心平和而丰盛地相处,你认真生活的样子远比生活本身更有意义,请把每一天都当成是最好的一天。

专注于当下！我们都需要完成自我认同

TA说

童年的夏夜，在院子前晾晒粮食的场院乘凉，铺一块凉席在地上，躺在上面，妈妈就在旁边摇着蒲扇，和邻居闲聊。

漫天星光璀璨，萤火虫飞来飞去，当时只道是寻常。

多年以后，再也看不见那样的星空。

萤火虫的光，捕蝴蝶的网，可以吹响的麦秆，做耳坠的薯藤，夏天的蝉鸣，秋天的稻草垛，还有冬天的雪人，这些在我成年之后就再没出现过。

Part 5　勇于活在当下——太追求快乐反而会让自己不快乐

我是个很在意细节的人。夏天的菜园子里吹来的风，山间归巢的鸟悠长的啼鸣，涓涓细流抚过的光亮的青石，夜幕下每一间屋子透出的光，茶汤上冒着的热气，阅读的每个瞬间……都令我的内心感到安稳且富足。

青瓦白墙，澄澈的天空，安静的云朵，快乐的燕子，和煦的微风，害羞的蚯蚓，活泼的青蛙，不管是白天还是傍晚，不管是雨雪纷飞还是骄阳似火，它们的存在清晰可见，它们的陪伴温暖可人。

我喜欢我生活的小城，生活的一幕一幕就像是被打碎的陈酿酒坛，沁人心脾的幽香就在身旁。春天去山林里折可做口哨的树枝，田边开满了桃花、杏花、梨花、樱桃花。夏日山里流出的泉水清冽甘甜，可以用柿子树叶盛来大快朵颐，抓萤火虫可能会误抓发光的毛毛虫。秋日里的橘子摘下用松针遮盖放在箩筐保存到冬日，柿子成熟，石榴压弯了枝。冬日折回柏树枝熏制腊肉，麦芽熬糖做成米子糖、红薯糖、芝麻糖。

然后盼一场大雪，堆雪人打雪仗乐在其中……

也许，热爱生活的每一个面，才是真正的热爱生活吧。

想要 告 诉你们

1.

当我们不再逃避当下,而是专注于我们正在做的事情且不在意它的结果时,我们就打破了时间的迷雾,做到真正的专注。

如果不愿意为自己的意愿负责,就会有一系列"否认自己是自己命运的主人"的表现。只有愿意承担责任,并开始评估我们愿望的可能性,我们才会打开我们的愿望通向现实世界的通道。

更具体地说,当我们愿意承担责任时,我们可以向自己强调我们成功实现目标的经历,无论这些经历发生在我们生命的哪个阶段,都可以给我们带来一种能力意识。

我们应该大方承认自己伤害了自己,愿意理解自己当时为什么那样做。

无尽的诱惑和目标就在前方,于是每个人都在努力往前跑,拼命地抓,拼命地占有。在这个过程中,生命似乎成了实现目标的工具,成了成功交换的代价,成了社会这个庞大机器的一部分,却失去了自由和美好。

每个人,都有很多需要去面对和处理的事情:迫切需要满足的成就感和价值感,需要管理和安抚的情绪,生活中那些你不喜欢但确实存在的部分,等等。

2.

当我们开始重新审视生活的时候,一切都会变得简单明了,你也会更加注重自己的感受,过上有活力、有爱、幸福的生活。

生活是由连续的时刻组成的,所以当下最应该保持真实。真正实现目标的人,不是以实现目标为目的,而是以生活中的当下为目标。只要过好每一刻,那一刻就是有意义的。

人生苦短,我们应该勇敢地去做自己认为对的事情。通过我们的尝试,我们可以更好地了解自己,开始全新的生活。

这样的尝试可能是我们一生的功课。

3.

当你逐渐把注意力转向自己,丢掉那些错误的观念,开始按照自己当初的想法去呈现自己的时候,你会对生活有一个全新的感受:我们身边没有那么多观众,很多只是我们想象中的自我烦恼,周围很多人的想法对我们的生活并不重要。

研究表明，即使是你所采取方式上的一个小小的变化，也会影响你在压力下调整自己的感觉、想法和行为的能力，并减少你的焦虑。

我们也可以和那些积极乐观的朋友交流。通过沟通，让对方带给自己正能量。而且快乐的积极情绪也是可以互相感染的。

如果和积极的人在一起，我们会变得更加乐观，周围的氛围也会更加和谐。

4.

那些我们曾经认为特别普通、微不足道的优点，是我们生活中重要的一部分。

当我们一步步走完人生的路，它们会照亮我们走的路，给我们以自信。

多去看看外面的世界。心外的世界可以让我们的思维更加开阔。

仰望宇宙银河，俯视天地草木、花鸟虫鱼，万物都是可以用心体会的东西。

用心读世界，读一朵花，读一场雨，落花有词，飞鸟有灵。

我们都有过年少轻狂的经历，总希望得到更多的认可。面对时代的压力，我们有时焦虑自责，却往往忽略了自己身上微小的闪光点，那种可以照亮别人的微光。

让时间在你的心里开花，用全世界取悦自己。

经历是一种感知，是一种与自然界的精神互动。星辰陨落，荷花开阖，灯光熄灭，树影婆娑，春日花开，秋日月明，心中每一丝细腻的涟漪，都是我们的体验。

就像旅行，穿梭于天地之间，一定要开阔视野，看到世界最温暖、最蓬勃、最生动的一面。

清醒、自律、知进退，你会成为更好的人

TA说

  我们现在的生活充满了消耗，我们越来越不对自己本身进行滋养。全部是无尽的损耗。

  之前我很任性，很幼稚，一言不合就删除好友。

  总是容易生气，喜欢说气话，伤害到身边的人。

  总是在消耗别人，也在消耗自己。

  但旅行改变了我的内心生活。不断地行走和历练，可以打开一个人的视野、格局和思维。如果不是旅行，我可能每天都在抱怨，把日子过得很糟糕。

  旅行从外到内改变了我的生活。我变得自由自信，不再自卑敏感、在乎别人的看法。感觉生活很美好，但其实

Part 5　勇于活在当下——太追求快乐反而会让自己不快乐

总是在消耗别人，也在消耗自己

把日子过得很糟糕

旅行从外到内改变了我的生活

我在自己想走的路上努力着

世界上的一切并不是只有一个标准

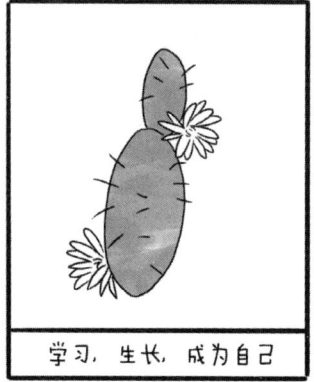

学习，生长，成为自己

一切都不曾改变。正是因为我看世界的角度发生变化,生活才变得丰富多彩。

我去了很多地方,看到了很多美丽的风景。我的眼中看到了美,我在心中感受到了美。努力做自己喜欢的事,努力坚持下去。有些惊喜是意想不到的。如果不是旅行,我不会体会到自己真切的感受。我就不会遇到那么多频率相同的人,也不会被治愈。

我们都是这个宇宙中独一无二的存在。为什么要被一套标准困一辈子?自己的真实感受不重要吗?看似无意义但真实的快乐是无意义的吗?希望我们都能给自己定义快乐,找到属于自己的人生价值。

我们需要不断地思考,不断地突破,重新开始,我们会变得更强大,我们的目的是快乐地生活,而不是痛苦地生活,所以乐观最终会战胜悲观。

学习,生长,成为自己。

想要告诉你们

1.

有人说,开始永远不晚。有人说,只要你想,这一刻就是最好的时光，每个人都需要慢慢长大，慢慢成熟。我们不是在过一个结果，我们是在过每一刻，我们当下的每一刻。

如果说加法是成长，走到人人向往的繁华里去；那减法便是一种成熟，于芸芸之中，选择真正属于自己的人生，拥抱真正重要的人与事。

当人生陷入混沌的时候，不妨重新审视自己的生活：哪些东西是真正给自己带来幸福感的，哪些关系是给自己的生命带来营养的，哪些是心灵真正渴求的，而不是不加节制地吞下生活给予的所有选项。

你也许有过这样的经历：在人生中不曾预期过的某一刻，猛然发现自己并不是自己过去所以为的样子。在一些时刻，我们会发现自己比过去所认知的更有潜能，具备自身曾经毫不知情的某种力量和优势。当然，我们也会在一些时刻，发现自己有一些超乎想象的阴暗面。

2.

重新认识自己，是生命中最令人惊喜的事之一。对于那些在生活中感到迷茫的人，我总会告诉他们：你还不够认识你自己。我们需要怀着充分不设限的好奇心，让自己经历更多的人、事、处境，在这个过程中，像认识一个陌生人一样，观察、审视、理解和共情我们自己。

行到水穷处，坐看云起时，生命本自在、本清澈。回到简单，亦是回到本质，在那里，你遇到的才是真正的自己。

当身心压力特别大的时候，我们往往特别需要去一个地方"放空"。

因为一个人想得太多，也就没有了多余活动的空间，让自己横生疲惫。

而无论我们过去是否遵循这些刻板印象，我们总是拥有重新定义自己、调整人生方向的权利和机会，去构建自己心中的同性模样，去探索适合自己的审美风格，去选择自己热爱的事业和生活。

这是一条很困难的路，但当你能够自由地成为自己的时候，你会发现一切都很值得。

3.

自律的人会不断学习高密度的知识，用深度思考打开世界，用自己的大脑看世界。

只有相信自己一定可以活成自己喜欢的样子，相信自己可以改变自己的思维方式、行为习惯和情绪状态，我们才能真正改变自己，改善自己的生活、工作和人际关系。

如果你觉得你现在面对外界的方式不适合你，或者是因为你的原因无法从生活中得到你想要的，让你无法按照自己的价值观去生活，那么，就要勇敢做出改变。请相信自己有能力改变，过上更好的生活。

你要相信，只要你有正确的方向，并为之不断努力，你一定能成为理想中的自己。

只要你不总是否定自己，只要你勇敢一点。

你的自律总会带你走出阴霾。

要相信，你那么优秀，那么努力，那么值得被爱。

4.

很多人很难做到自律，不是因为难，而是因为很难在自律之前加上"每一天"。

时时刻刻要求自己、约束自己、管理自己并不容易，但能做到却是一件了不起的事情。真正阻断我们自律的不是外在的困难，而是内在的毅力和决心。

要有独立的思想，自己去体验世间的喜怒哀乐，而不是光听别人说。

自律的本质是你知道自己想要什么，想成为什么样的人，想做什么样的事，想过什么样的生活，从而努力去实现。

自律的意义不是重复,而是改变,是主动剥开生活的茧。

请相信,每一次自我的破碎,虽然会伴随着痛苦,但能让你重新塑造自己,成就更广阔的人生。

不要因为害怕选错，就不敢过自己想要的生活

TA 说

由于没有好好学习，我与大学失之交臂。

我现在每天早上5点迎着冷风去上班，工作到晚上10点回家，看着老板的脸色说话，挣着少得可怜的工资。

有时看着街上青春洋溢的学子们，真的特别怀念上学的时光。

记得那个时候妈妈问我："你想好了吗？确定不考大学了吗？"

我总以为校园是禁锢我的牢笼，却不知道是我亲手熄灭

你在烦恼什么呢
—— 跟阿德勒学超越自我

早早辍学走上社会

生活没有任何规划,一直盲目地活着

生活中的苦,看不到尽头

自己就像一个手无寸铁的士兵

读书不苦,不读书的生活才苦

人生在于你自己赋予它的意义

了我前行路上的一盏灯。

读书是苦,却有尽头;但是生活的苦涩就像无尽的黑夜,看不到尽头。

进入社会,我发现自己就像一个手无寸铁的士兵。面对这个强大的命运之敌,我被打得鼻青脸肿,毫无还手之力。

这时候的我才明白:读书不苦,不读书的生活才苦。

一个人的认知真的决定你的命运,学习这个过程很难也很痛苦,或许你无数次想要放弃,但是一旦你开始去真正坚持,它会在你长大后疗愈你的伤痛,甚至会改变你的性格和命运。

有些人在抱怨生活的忙碌和日常生活的平淡,有些人在琐碎的日常生活中总是充满耐心和好奇,这都是学习与不学习带来的不同生活方式。

人生这趟旅程从来不在于风景的独特,而在于你自己赋予它的意义。

想要 告 诉你们

1.

人生其实有两种苦,一种是生活的苦,一种是学习的苦。

但是，很多人不想吃生活的苦，只想好好享受生活。人们太安逸了，数字信息科技发展越来越快，我们现在能看到的东西太多了，诱惑和攀比太多了。

但是提起克服学习的孤独，养成自律克己的习惯，人们却很难做到。

然而，这些都是拉大人与人之间差距的重要因素。

我们要经常思考、反思、消化生活带来的困难，跨越它。

你没有能过上你想要的生活，可能是因为你根本就不知道你想要什么样的生活，所以你无法实现你的目标（如果你有目标的话）；可能是因为你只是想想而已，或者觉得太不现实，而你从来没有为此付出过、努力过、坚定地坚持过。

有时候犯一点小错误并不一定是坏事。事实上，有些错误就像是引导我们正确做事的内在路标，帮助我们找到更合适的方式行事。

生活中还有很多未知的惊喜等着我们去拥抱，心理学家发现，我们对未知经验的开放度是人格中一个非常核心的维度，它与我们的积极情绪、总体幸福感、生活满意度高度相关。

2.

纵观我们身边，凡是有所成就的人，都经过了艰苦的努力。

没有天上掉馅饼这样的好事，人只有通过刻苦的学习和不懈的努力，才有可能成功。

你读书的时候浑浑噩噩，对未来没有规划，所以早早辍学去工作。

你以为辍学打工可以让你逃离痛苦，却不知道在没有生存技能的情况下，逃避只会把你带入另一个无底的深渊。

没有知识和吃苦耐劳的精神，就只能卡在日复一日的工作循环中。

当初你觉得自己总有一天要出来工作，所以看淡、看轻了学习，直到遭到现实真正的打击之后，你才发现，如果不好好学习，一辈子都会过得很难。

3.

努力学习与其说是培养一个人独立学习的能力、吃苦耐劳的精神，不如说是培养 TA 积极负责的优秀品质，让 TA 长大步入社会后有积极努力的责任感。

学习的痛苦来源于内部的挫折感及外部的压力，无处可逃。生活的痛苦却可以用娱乐和其他方式麻痹自己。

如果你不珍惜学习的机会，就不要怪未来的社会让你体验生存的残酷。

知乎上有个问题：读书的本质是什么？

有人说是为了找到一份好工作，实现财富的积累。

有人说是为了增长见识，丰富阅历。

这些都是真的，但读书本质上给了我们更多的选择和机会。

4.

要选择过自己想要的生活，就需要改变自己，成就自己，由内而外不断提升自己。

只要我们努力，我们就能实现自己的目标。

有梦想的人，心里会有希望，每天都在尽自己最大的努力。任何时候对自己都有要求，不想因为安逸而放纵自己，不会因为不想辛苦而放弃追求。

比如坚持阅读，尤其是那些能引起你共鸣、能激励你的书。世界变化太快了，只有坚持学习，每天学习一点新知识，保持自己的能量提升，我们才能在未来立于不败之地。

比如坚持锻炼，按计划做瑜伽，跑步，打球。

比如去旅行。世界那么大，你一定要去看看。

一个人去过的地方越多，看过的风景越多，他的视野就越开阔，看问题的格局就越大。

5.

慢慢地你会发现，芸芸众生，很多人的起点很低，但都可以选择按照自己喜欢的方式去生活。先想想自己真正想要的是什么，定一个目标，确定方向，然后努力，每天朝着目标努力。

只要行动起来，坚持不懈，你自然会知道答案。也许有一天，你看别人，就不再着眼于他们光鲜的外表，而是看他们如何变得优秀。那时你会明白，每一个优秀的人，并不是天生就有光环，也不一定比别人幸运，而是一直很努力，努力成为自己想成为的人，永不放弃！

在逆境面前，选择去做一位攀登者

TA说

这几年大概是我人生中最灰暗的阶段。

和男朋友领证后，还没等到办婚礼，我就发现他出轨了。

离婚后，我自己创业。起早贪黑忙了两年，瘦了十多斤。

因为长期疲劳工作，一只耳朵长期耳鸣，听力下降。

但最终，我赚了很多钱，向往着更美好的明天。

结果第三年，合伙人卷钱跑路了，店也没了。

一切归零，我恢复了打工人的身份，一切重新开始。

祸不单行，妈妈被查出恶性肿瘤晚期。

我抛下一切去照顾妈妈，可是半年后她还是离开了我。

想过放弃生活，觉得生活努力到最后好像什么都没有。

但是想起妈妈临终前的嘱托，我又必须含着泪咬牙坚持下去。

想要告诉你们

1.

面对逆境你会如何反应？

有一个"分水岭原则"，通俗来说，人要么一开始就被无法承受的压力彻底压垮，要么一开始就足够坚强去承受压力；如果他们能挺过压力，那么压力会给他们力量，调整他们的状态，让他们变得更强。

在破坏性变化的冲击之后，能够进步的人会采取以下行动和反应模式：

回到情绪平衡的状态，应对转型过程中的变化。

适应新的现实，回到稳定状态。

2.

逆境是对所有人的考验，而面对逆境，一个人的承受能力有多强，也是决定一个人成就的重要因素。

时间越长，难度越大。我们终将发现，能否走出困境，最终还是要靠自己的力量。

心理承受能力弱的人，在遇到困难的时候，往往会感到无能为力或者无可奈何，因为他们把事情的起因归结于自己无法控制或者自己认为无法改变的因素。

有些人很脆弱，经不起生活的大起大落。很大一部分原因是他们认为挫折或失败是不可接受的。如果我们不能接受这一点，我们就会比别人感受到更多的挫折甚至折磨，内心会更加脆弱。

3.

根据认知心理学，你首先要改变的是你的认知、你的心理状态、你对这件事的看法，而不是外在的东西。只有改变自己的思想，才能改变自己的压力状况。

认知心理学有两个主要原则。

第一种是习得性无助。什么是习得性无助？是生活一直在打击你，导致你觉得你没有办法做到这一点。不是真的没办法，只是生活不断的打击让你觉得这是没办法的事。

认知心理学第二个非常重要的理论是归因理论，即我们如何建立自己的归因风格？我们是乐观还是悲观？这是什么原因造成的？

比如在内部归因的时候，他们会认为自己的能力不好，认为自己的能力就是这样，无法改变。他们对此的解释是："我很沮丧，因为我是个失败者。"一个人否定自己，就会失去与逆境抗争的动力，变得随波逐流。

另外，在外部归因时，他们会认为事情超出了自己的能力，没有办法克服。有些宿命论者会认为这是自己的命运，所以不会去尝试改变。

而心理承受能力强的人，在面对逆境时，最大的特点就是会把原因归结到那些自己能控制的因素上。

比如在内部归因的时候，他们不会简单地认为自己不行，也不会轻易否定自己，而是具体分析问题。如果认为是因为自己不够努力，会督促自己更加努力；如果觉得自己的处事方式有问题，会通过学习等方式提高自己的处事能力；而如果认为这是机会或者运气的问题，他们会更加耐心地等待，等待对自己有利的机会。

当我们把原因放在那些我们可以控制的因素上，即使外部的情况不顺利，我们也不会感到无助和绝望，所以我们内心感受到的压力也会相对较小。

一个人内心的力量越强大，就越能从容应对不断发生的变化。即使你还没有意识到这些变化，你也会不断地调整自己。

4.

攀登者需要终身学习，学会迎接挑战。

面对逆境，我们需要加强自己的心理承受能力，做一个攀登者，我们应该更加理性和客观地看待我们的外部生活和我们自己。只有这样，我们才能容忍挫折和失败，理解并接受这些都是生活的一部分。重要的不是不犯错不失败，而是在试错的过程中积累能力和经验，努力让自己变得更好。

所以我们可以看到，当我们不想面对挫折的时候，挫折就会成为我们内心的痛苦；当我们勇敢面对它的时候，挫折或困难就只是一个需要解决的问题，而不是一种可以摧毁我们的神秘力量。

制订个性化的计划有助于减少负面体验，增加正面体验，让你避免感到无助和无望，引导你不断学习新的方法，让生活变得更美好。

当你试图学会用更好的方式做事时，就很容易保持自信，对突发事件保持开放包容的态度。

我们应该意识到逆境，并探索我们对结果的责任。

5.

当逆境出现在身边时，要记住，你才是真正能改变这件事的那个人。有些人遇到超出自己能力的困难时，无法突破自己，把自己局限在困境中，最终无法自拔。

想要成功，就要不断提升自己，强化自己面对困难的勇气和能力，让自己在困难和逆境面前更加顽强，超越一切，最终成就自己。

当你身处逆境时，是灰心丧气等待好运，还是全力以赴勇往直前？

当你面对危险的时候，是慌里慌张地立刻逃离，还是从容不迫地应对？

当你害怕困难的时候，是努力逃避还是强迫自己坚持下去？

不同的选择，会有不同的结局。

阅读，
让我们看到更远的世界

TA说

"不读书，眼前就是世界；读书，世界就在眼前。"

坚持阅读五年，我的生活真的变好了。阅读给我带来了很多好处。

我以前有轻微的社交恐惧症。每次朋友聚会，都有很多话题我接触不到。如今，我的知识储备越来越多，也有了自己的见解，人也越活越通透。

一方面，通过阅读，我积累了很多知识，各种谈话素材都能信手拈来；另一方面，沟通也是一种技术，通过对金字塔结构的掌握，我的发言变得条理清晰、逻辑性强，表达能力大大提高。

如果不读书，你的三观是周围的人建立的；通过读书，你会构建起自己的价值体系。

阅读是一种投入。投入越多，输出能力越好。

读书多了，我们开始有独立思考的能力，会有更多能力解决所遇到的问题。

多读书让我变得更平和。因为我的价值观是多元化的，我的思维不再局限于非黑即白，我可以包容不同观点的人，求同存异。

想要告诉你们

1.

说到阅读，更多的人想到的是图书馆，我特别喜欢的一句话是"要像奔向喜欢的人一样奔向图书馆"。

多年以前，我们那里的图书馆还是平房。夏天，窗外树木的枝条伸展招摇，叶子反射的光影照在墙上。借阅室里通常有老读者拿着放大镜在看书，有时也看报纸。

那么漫长的时光里，泛黄旧书页散发着让人心安的气味。

阅览室排着几排长桌子，桌子上立着木架子，夹着各类少年报。

孩子们会坐在角落里安静地看书，与书中的人物一起成长。

那个时代的孤寂感，让人更容易沉浸在书中那些细腻的感觉里。

这是我们与书的独家记忆。

2.

其实我们读书，不是要成为一个学富五车的人，而是在一遍又一遍与作品的揣摩交流中，学到教养、风骨、耐心和趣味。

图书馆和这片土地用轻盈的姿态生长着，像孩子一样，缓慢而稳妥地在这座城的臂弯里，一点点地成长，让人们在这样的速度里，知道光阴的流逝，知道岁月的厚重。

如今，每个城市都拥有许多图书馆和书店。

最时兴的当属数字图书馆、24小时数字书屋、"元宇宙"图书馆……在里面听书看书视频一触即达，足不出户就可以"云"上阅读。在这个智能化时代，数字阅读也是一种文化的回归。

善良和信仰，成就与磨难，阅读让我们在多变的生活中找到无数个自己。

最珍贵的是，从书中学到欣赏万千人生，欣赏这多变世界里难得的深刻。

对于爱读书的人来说，图书馆就是人生中的任意门，可以穿越到任何他们想去的地方。

所以，让我们好好读书吧，我们一生中遥望满月的升起也许就那么几十次，我们活着不是为了走向复杂，而是为了体验当下。通过阅读，我们可以与自己的内心，平和而丰盛地相处，请把每一天都当成是最好的一天。你认真阅读的样子比生活本身更有意义。

3.

如何养成读书的习惯？

每个人都有一定的惰性，不愿意做困难的事情。

刚开始阅读时，你可以固定阅读时间。

根据自身情况固定阅读时间，是养成阅读习惯的第一步。

多种阅读方式相结合，遇到浅显易懂、知识内容少的书籍，可以尝试快速阅读和跳读，选择自己感兴趣的章节。你读的书越多，你的选书能力就越强。在浩瀚的书海中，你可以立刻找到适合自己的书。

不用纠结到底是看纸质书还是电子书。纸质书有质感，电子书阅读更加方便。

林语堂曾说："没有养成读书习惯的人，以时间和空间而言，是受着他眼前的世界所禁锢的。"

　　我们应该把读书识字带来的思考和烦恼用在更有意义的事情上，而不是在与他人的比较中产生一种相对剥夺感。

后 记

构建自己的宇宙，并且热爱它

别怕，你在成为你自己的路上，就够了。

1.

通过对阿德勒心理学的学习，我发现了自己一些不好习惯的由来，我要从内心角落里清理出那些在我心里潜藏很久的记忆和心理垃圾，例如，用自卑给自己的怠惰找借口、社恐的根源可能来源于小时候父母的过度保护、总是习惯依赖别人而引发种种内耗等。我会更努力地去尝试忘记原有的心理模式，从而打造出新的模式，给自己更多的勇气和自信。

现在我懂得，你所想要拥有的勇气、自信和爱，是无理由的人生选择。

人生是旷野，而非轨道。

你要学会给自己买花，也要学会自己长大。

漫天星光沿途散播，长路尽头有灯火。

失眠的时候想要数尽全世界的羊，睡一个好觉之后觉得这个世界又待你如初。

允许一切发生，允许偶尔失衡。

你要记得那个一无所有的女孩，曾对着未来许下的豪情告白。

人总要去做一些自己喜欢的事情。

不负时光，不负热爱。

勇气与爱，是突破所有限制的法宝。

我们经历的很多心理创伤，有可能是因为各种各样的设限和阻碍发生的，如拒绝、矛盾、暴力等，但如果我们已经形成了一种消极的心理惯性，那么想要改善它，就必须要借助另一种外力，我想那就是勇气和爱。

2.

某一天看到一段话，瞬间明朗，说在遇到困难时，觉得身处低谷时：

那就是要把自己变成一个很大的人。像低矮的树苗变成参天大树那样变大自己，去触碰更高处的风、看更高处的云，可以将自己在芜杂的地面抽离出来，努力去追寻着一点五亿千米以外的太阳，追寻着闪烁在宇宙另一端的星星，这时你的边界会不断地拓展，像无边的草原和广袤的大海那般大，此时，离别的痛苦会消减许多。它仍旧会在你心里刻上一道，但你也会很快痊愈，并且将那视为人生里的一次经历而已。

认真地去做一些事，以及在很重要的时刻里去用心感知生活。告诉周围的朋友和家人好好生活是很重要的事。

感受生活中更多的细节。

杨树在月光下的轮廓，微风中花朵的气息，生活日复一日，或许普通平常，但依旧可以找到时光瞬间的美好。

三餐、四季、人间烟火，生命中的热烈和琐碎，藏于普通的日常中。

天空暗蓝，灯光暖黄，整个街道沉溺在乳白色的烟雾中，等待风把这一切吹散。随手关上的门窗，依然在烟火声中感觉到世界与我的距离。

安心读书吧，安心做自己的事吧。不要焦虑，不要失去希望，没事的。

3.

2022年8月的时候，收到阿清的明信片。

她说：姐姐，我去旅行了，送给你的小礼物。

明信片上的字，像是天空里的一朵云，飘到了我的眼前。

她去了迪庆，藏语意为"吉祥如意之地"。

热爱生活的人才能被生活照亮。

一草一木，万物荣枯都在时间的变幻中变得珍贵。

尽管深知未来很多东西都会不断地失去，但依旧努力前行，一往无前，这件事本身就是勇敢的吧。

生活的根基，是拥有一颗自然的平常心。

如同涓涓清流从心底淌过，我们与世间所有的一切和睦妥当相处的道理瞬间了然于胸。

以前在电脑壁纸上看到一句话：少年的肩，应担起草长莺飞和清风明月。

其实不管人生哪个阶段，都不要忘记好好生活，哪怕岁月会一点一点收走我们的天真，也请不要忘记自己身上的能量。

世间的一切尘埃都如同月光，都会在某一刻绽放出自己的光影。